— SCHONERBRIGG —
zwei Masten, der hintere Mast schratgetakelt,
der vordere Mast rahgetakelt

— SCHONER —
alle Masten schratgetakelt, der vordere Mast ist kleiner
als der oder die hinteren

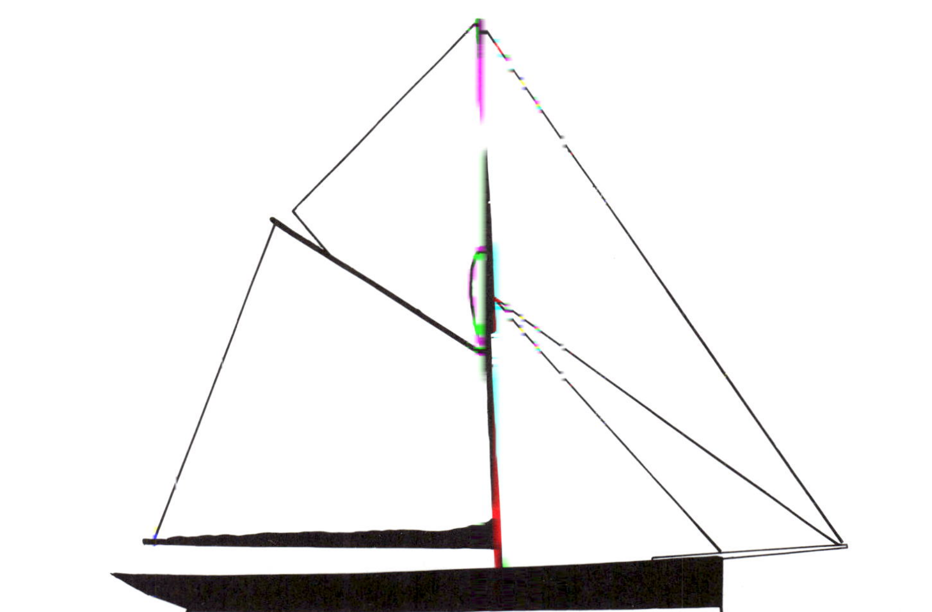

— KUTTER —
einmastig, schratgetakelt, mindestens zwei Vorsegel

BY APPOINTMENT TO
H.R.H. THE DUKE OF EDINBURGH
MARINE PHOTOGRAPHERS

BEKEN OF COWES

SEGELSCHIFFE DER WELT

BY APPOINTMENT TO
H.R.H. THE DUKE OF EDINBURGH
MARINE PHOTOGRAPHERS

BEKEN OF COWES

SEGELSCHIFFE DER WELT

*MIT EINEM VORWORT VON
HRH THE PRINCE OF WALES*

MIT TEXTEN VON
ERIC C. ABRANSON

UND FOTOS VON
FRANK WILLIAM BEKEN
ALFRED KEITH BEKEN
KENNETH JOHN BEKEN

EDITION MARITIM

Impressum

Die Deutsche Bibliothek – CIP-Einheitsaufnahme

Segelschiffe der Welt / Beken of Cowes. Mit einem Vorw. von HRH The Prince of Wales. Mit Texten von Eric C. Abranson und Fotos von Frank William Beken ... [Übers.: Clemens Richter]. - Hamburg : Ed. Maritim, 1995
Einheitssacht.: Sailing ships of the world <dt.>
ISBN 3-89225-314-5
NE: Abranson, Eric; Beken, Frank William;
Richter, Clemens [Übers.:]; Beken of Cowes Ltd.; EST

Titel der englischen Originalausgabe:
„Sailing Ships of the World“
First published in Great Britain 1992 by Thomas Reed Publications Ltd.

Printed in Italy 1995
ISBN 3-89225-314-5

INHALT

KENSINGTON PALACE

Es geht eine unwiderstehliche Romantik von großen Segelschiffen aus, die die meisten Menschen stark berührt. Ich erinnere mich, von einem Großsegler-Treffen gelesen zu haben — es mag in Kanada gewesen sein — bei dem die Organisatoren von fast einer Million Zuschauern schier überrollt wurden, die alle gekommen waren, um diese beeindruckenden Kunstwerke der Seefahrt aus der Nähe sehen zu können. Es ist ein Paradoxon unseres Zeitalters, mit seinem Streben nach immer höher entwickelter Technik und immer leistungsfähigeren Transportsystemen, daß so viele Menschen ein starkes Bewußtsein für die Werte unserer Vergangenheit entwickeln. Und damit für solche Wunder des menschlichen Erfindungsgeistes wie die großen Schiffe, die in diesem Buch so hervorragend wiedergegeben werden.

Die Bekens aus Cowes von der Insel Wight sind seit mehreren Generationen eine Familie von Marinefotografen und haben schon Generationen meiner eigenen Familie, während der Cowes Weeks auf dem Solent hin und her kreuzend, fotografiert.

Ich bin sicher, daß dieses mit viel Sachkunde hergestellte Buch in vielen Menschen eine seefahrerische Saite anschlagen wird und uns den Wert dieser Schiffe bewußt macht, auch im Hinblick auf die Möglichkeiten, die viele von ihnen einer Jugend bieten, die mehr denn je nach Selbsterfahrung und Selbstbestätigung Ausschau hält. Wenn es nur noch mehr dieser herrlichen Fahrzeuge gäbe . . .

Charles.

US
26070
6276
BEKEN

BEKEN OF COWES
DIE GESCHICHTE

In den späten 80er Jahren des letzten Jahrhunderts zog die Familie Beken von Canterbury in die kleine Hafenstadt Cowes auf der Isle of Wight. Zu der Zeit war Frank Beken gerade zehn Jahre alt. Unter der Anleitung seines Vaters, eines Chemikers, begann er, sich mit der Fotografie zu beschäftigen. Bald schon sah man ihn mit seinem Dinghy auf dem Wasser, die großen Schiffe und eindrucksvollen Yachten fotografierend, deren Erscheinungen für den Solent typisch waren.

Mit einem geschulten Auge für Bildkomposition gelangen ihm hervorragende Studien der frühen Luxusliner und Dampfschiffe, von Rahseglern und Schonern. Auch die großartigen Segelyachten der J-Klasse, die sich regelmäßig zur Cowes Week spannende Regatten lieferten und von Monarchen, Edelleuten und Superreichen geführt wurden, hielt er im Bild fest. Franks Sohn Keith schloß sich der Leidenschaft seines Vaters an. Gemeinsam experimentierten sie mit ihren Kameras und veränderten sie nach ihren Bedürfnissen. Schließlich konnten sie keine besseren Apparate finden als ihre eigene Konstruktion: ein einfacher Holzkasten mit Mattscheibensucher und Linse, nach ihren persönlichen Anforderungen verfeinert. Sie verwendeten Glasplatten von 6 x 8 Zoll (ca. 15 x 20 cm), die gestochen scharfe Negative lieferten. Im Laufe von hundert Jahren entstand so eine Sammlung von über 50.000 Negativen, sorgfältig aufbewahrt und katalogisiert — eine einzigartige Dokumentation.

1970 gesellte sich zu Vater und Großvater auch Kenneth Beken. Eine kurze Zeit, bis zu Franks Tod, standen sie zu dritt für den Namen „Beken of Cowes".

Nacheinander erhielt jeder von ihnen die wohl höchste fotografische Auszeichnung Großbritanniens, die Mitgliedschaft in der „Royal Photographic Society". Beken of Cowes haben die Ehre, „by appointment to HRH The Duke of Edinburgh, marine photographers" zu sein.

In seinen Jugendjahren benutzte Frank Beken ein kleines Dinghy. Gerudert wurde es von einem kräftigen Mann, der sicher den Weg zwischen den großen 300- und 400-Tonnen-Schonern der 90er fand. Später stieg er auf eine Dampfbarkasse um und schließlich auf eine Barkasse mit Benzinmotor. Sie konnte acht Knoten laufen und versetzte Frank in die Lage, die großen Schiffe auch unter Segeln aus der Nähe fotografieren zu können.

Als Keith Beken von seinen Kriegsjahren auf See nach Hause zurückkehrte, nahm er sein Fotografenhandwerk, ausgerüstet mit einer etwas schnelleren Barkasse, wieder auf. Hinsichtlich der aufkommenden Farbfotografie entwickelte er eine eigene Kamera im 5 x 4-Zoll-Format. Sie konnte auch rauhe See und Spritzwasser ertragen - Faktoren, mit denen die Bekens immer zu rechnen hatten und die vielen Kameras schnell zum Verhängnis wurden.

FRANK WILLIAM BEKEN

ALFRED KEITH BEKEN

KENNETH JOHN BEKEN

Entsprechend den Anforderungen der modernen Sportfotografie an Farbe und Verschlußgeschwindigkeit verwendet Kenneth Beken heute hochwertige Kameras im mittleren Format von 2 1/4 Zoll, wie zum Beispiel die Hasselblad. Mit Hilfe eines 35 Knoten schnellen „Boston-Whalers" und eines Hubschraubers für Luftaufnahmen hat er der Sammlung an historischen Schiffsfotografien noch weitere 150.000 Farbnegative hinzugefügt.

Wind, Wolken und See sind für die Arbeit der Bekens unverzichtbare Elemente, deren Unberechenbarkeit den Fotografen häufig zu schaffen macht. Rauhe See ergibt auf Fotos einen schönen Hintergrund. Während der Aufnahmen erschwert sie jedoch die Arbeit des Fotografen, der eine ruhige Plattform benötigt. Licht und Schatten sind wichtige Faktoren, aber nicht immer ausreichend vorhanden.

Jeder „Beken" arbeitet allein, in seinem eigenen Boot, so daß er sich ohne Ablenkung ganz auf sein Objekt konzentrieren kann. Oft entstehen die Fotos unter unangenehmen, ja gefährlichen Bedingungen. Unnötig zu erwähnen, daß jeder Fotograf auch ein guter Seemann sein muß.

Dieser Bildband umfaßt an die Hundert der schönsten Großsegler-Fotografien, aufgenommen unter anderem in Hawaii, Kanada, USA, der Karibik, dem Mittelmeer, Europa und Rußland. Vertreten sind die ganz Großen, wie die SEDOV, aber auch die Kleinen, wie die BLACK PEARL. Von der berühmten CHARLOTTE RHODES bis zur unglücklichen MARQUES hat jede ihre eigene Geschichte, und die wollen wir hier erzählen.

FOTO VON COLIN ROGERS PHOTOMASTER, WEYMOUTH

EINFÜHRUNG

VON KENNETH J. BEKEN

Her great sails bellied stiff, her great masts leaned,
They watched how the seas struck and burst, and greened.

Denken wir an große Segelschiffe, hören wir Worte wie „Großsegler" oder „Windjammer", entstehen unwillkürlich Vorstellungen von Anmut und Schönheit, doch auch von großer Kraft und Ausdauer, wenn man sich erinnert, wie die Kap-Hoorn-Segler tage- und wochenlang gegen Stürme und schmetternde Seen ihren Weg nach Luv aufkreuzten. Oder wie die „Windhunde der Meere", die hölzernen Klipper CUTTY SARK und THERMOPYLAE, über gischtende Wogenkämme und durch ölige Flauten ihre Rennen um die halbe Welt untereinander austrugen, geführt von Männern, die ihren Schiffen in tiefer Leidenschaft verbunden waren.

Verschwunden sind heute Schiffe wie ARCHIBALD RUSSEL, PAMIR und POTOSI: stählerne Segelschiffe mit einer Wasserlinie von über 90 Metern, die 4000 Tonnen Weizen über Tausende von Meilen einsamer Ozeane brachten, über deren massive Decks grüne Seen wuschen, während sich an vier gewaltigen Masten bis 60 Meter über dem Kiel eine Wolke von 5000 Quadratmetern Segeltuch spannte. Segel, deren Namen wie Beschwörungsformeln

GEORG STAGE 1956

klingen: Bramsegel, Royals, Skysegel, Moonraker, gesetzt an Rahen, dick wie ein Faß, über 25 Meter lang, bis zu fünf Tonnen schwer. In plötzlichen Böen und bei herannahenden Stürmen ging die Crew samt dem Koch hinauf und barg mit ihren Händen das donnernd um sich dreschende Tuch. Dabei rollte das Schiff von 30 Grad backbord nach 30 Grad steuerbord. Eis verkrustete das Rigg in den hohen Breiten, was bedeutete, daß die Crew hinauf mußte, um es abzuschlagen und zu verhindern, daß das Schiff topplastig wurde und kenterte.

HMS MARTIN

Their savage eyes, salt-reddened at the rims
And icicles on their sou'wester brims.

Die Reisen dieser Schiffe dauerten viele Monate oder sogar Jahre. Es begann mit oft langer Wartezeit auf Ladung. Wochen knochenbrecherischer Stauarbeiten schlossen sich an, und wenn alles verstaut, das Schiff seeklar gemacht war und sich aus der gefährlichen Küstennähe freigesegelt hatte, folgten häufig zermürbende Tage und Wochen widriger und flauer Winde, ehe man den zuverlässigen Passat wieder zu fassen hatte, der das Schiff heimwärts blies. Die Borddisziplin war rauh, der Komfort gering, das Essen oft schlecht. Kleidung und Bettzeug waren im besten Falle klamm, schlimmstenfalls gefroren.

Es ist verwunderlich, daß Jungen auch jetzt noch davon träumen, von zu Hause fortzulaufen und zur See zu gehen. Wenngleich sich heute die Lebensbedingungen an Bord entscheidend verändert haben. Die Schulschiffe von heute kämen den Seeleuten der Jahrhundertwende wie Luxus-Kreuzfahrtschiffe vor, ganz zu schweigen von den Großseglern, die wirklich als Luxusyachten dienen.

Linke Seite
PASSAT

Rechte Seite
SØRLANDET

Zur Zeit scheint es so, daß die Großsegler wieder zunehmen. Die Marinen vieler, und oft nicht der reichsten Länder, Wirtschaftsunternehmen und viele Privatleute meinen, daß große Segelschiffe die hohen Summen wert sind, die sie kosten, um sie schwimmend und gar segelnd zu erhalten.

Nach dem Bau der ersten Dampfschiffe zu Beginn des 19. Jahrhunderts und der ersten Atlantiküberquerung der SAVANNAH 1819, eines Segelschiffes mit Dampf-Hilfsantrieb, dauerte es noch viele Jahre, bis die Segelschiffe den Konkurrenzdruck voll zu spüren bekamen. Erst mit Eröffnung des Suezkanals, den Segelschiffe wegen der ungünstigen Windverhältnisse im Roten Meer und den angrenzenden Gewässern nicht benutzen konnten, begann der Niedergang der Rahsegler. Nur als Massengutfrachter konnten sie sich noch eine Zeitlang halten, so in der australischen Weizenfahrt oder in der chilenischen Salpeterfahrt.

Um Kosten zu sparen, wurden sie später häufig mit Handelsschiffskadetten bemannt, die hier ihre vorgeschriebene Segelschiffszeit absolvierten. Bis heute gehört die Segelschiffsausbildung in vielen Ländern hinsichtlich Seemannschaft und Charaktertraining zum unverzichtbaren Bestandteil der Laufbahn eines Marine- oder Handelsschiffsoffiziers. Die älteren der heute segelnden Schulschiffe sind umgebaute Handelssegler, wie die SEDOV und die KRUSENSTERN. Andere, wie GORCH FOCK und auch SIMON BOLIVAR, können ihre Abstammung als Schulschiff nicht verleugnen.

Nachdem viele Nationen stolz auf ihre Segelschulschiffe waren, entsprach es einem Bedürfnis, daß man völkerverbindende Treffen arrangierte, bei denen man sich im friedlichen Wettkampf miteinander messen konnte. So kam 1956 das erste von der britischen Sail Training Association ins Leben gerufene Tall Ships Race zustande, das von Torbay an der englischen Küste über 760 Meilen nach Lissabon ging.

MERCATOR

Der überwältigende Erfolg führte dazu, daß seitdem zunächst alle zwei Jahre, später immer

häufiger, irgendwo auf der Welt Großsegler-Treffen stattfinden. Manche davon, wie die Tall Ships Races der Sail Training Association, mit fahrplanähnlicher Regelmäßigkeit. Der Segelschiffgedanke lebt. Neben Segelschulschiffen für Marine und Handelsschiffahrt entstehen neuerdings moderne Windjammer als Kreuzfahrtschiffe (u.a. STAR FLYER, S. 186), und auch echte Großsegler als Luxusyachten (u.a. ADIX, S. 18) werden wieder gebaut.

Alte Segelschiffe werden oft nicht mehr abgewrackt. Immer wieder finden sich staatliche Organisationen, Privatleute oder Interessengemeinschaften, die diese Schiffe instand setzen und wieder mit ihnen auf Fahrt gehen oder sie als Museumsschiffe bewahren und all denen zugänglich machen, die sich der Faszination, die von Schiffen, Wind und Segeln ausgeht, nicht entziehen können.

Wenn man die jungen Leute, Mädchen wie Jungen, im Alter von 16, 17 Jahren die Masten hinauf - und auf die Rahen hinausentern sieht, um die Segel loszumachen und auf Reisen zu gehen, so kann man hoffen, daß der Segelschiffgedanke weiterleben wird. Seine Kraft mag auch symbolische Bedeutung in einer Welt haben, in der das menschliche Maß mehr und mehr in den Hintergrund getreten ist. Diesen jungen Menschen rufen wir zu:

Adventure on, and if you suffer, swear,
That the next adventurer shall have less to bear:
Your way will be retrodden — make it fair.

Die Galionsfigur der amerikanischen Bark EAGLE (Beschreibung S. 80)

Die Original-Galionsfigur - ein deutscher Adler - wurde ausgetauscht, als die Bark 1946 in den Besitz der USA kam, und ist im Mystic Seaport Museum in Connecticut zu besichtigen.

ADIX

Die ADIX ist eine der größten privaten Segelyachten, die seit Ende des Zweiten Weltkrieges gebaut wurden. Als sie 1983 unter dem Namen JESSICA vom Stapel lief, hatte ihr Bau mehr als fünf Millionen Pfund Sterling gekostet. Ihr Eigner, der argentinische Geschäftsmann Carlos Perdomo, hatte zuvor bereits den Schoner AMERICA (S. 24) besessen. Er ließ JESSICA in Cowes ausrüsten und von der Firma Spencer als Dreimast-Toppsegelschoner takeln. Der Wohnbereich des Eigners war für acht Personen ausgelegt bei einer Besatzung von 14 Mann. Die JESSICA wurde in England registriert und erlebte ihr öffentliches Debüt auf der Cowes Week 1984.

Mit Herrn Perdomo als Eigner kreuzte die JESSICA intensiv an den westeuropäischen Küsten und im Mittelmeer, segelte zur Ostküste der Vereinigten Staaten und in die Karibik. Im Frühjahr 1987 kehrte sie von Westindien zurück nach Europa.

Im Jahr darauf wurde sie an Alan Bonds XXXX-Brauerei verkauft und in SCHOONER XXXX umbenannt. So segelte sie nach Freemantle in Westaustralien, wo sie Alan Bond als schwimmendes Hauptquartier bei der Verteidigung des „America's Cup" diente.

Doch Bond mußte auf den Pokal verzichten und bald darauf verlor er auch sein Wirtschaftsimperium. Als einer der ersten Aktivposten kam SCHOONER XXXX zum Verkauf. Die Yacht wurde von einem spanischen Gentleman ausschließlich zum privaten Gebrauch erworben. Er nannte sie ADIX, ein etwas passenderer Name für eine elegante Schoneryacht, obwohl er sich ableitete von „add x!" („Füge ein X hinzu!"). ADIX wurde wieder in London, Großbritannien, registriert.

Nach den Vorstellungen des neuen Eigners und den Plänen des Konstrukteurs Gerard Dijkstra aus Amsterdam wurde der Schoner vollständig umgebaut. Der Umbau erfolgte auf der Pendennis Werft in Falmouth unter der Bauaufsicht des neuen Skippers Paul Goss. Die Yacht wurde vom Toppsegelschoner zum klassischen Gaffelschoner umgetakelt, ähnlich der berühmten ATLANTIC. Die Inneneinrichtung wurde ebenfalls vollkommen neu gestaltet. Die Eignersuite besteht aus zwei nebeneinander liegenden Kabinen, und drei weitere Kabinen stehen für insgesamt fünf Gäste zur Verfügung.

Das Heck wurde um 3,0 Meter verlängert. Der ursprünglich durchgehende Kiel mit seinem angeschnittenen Vorfuß wurde durch einen Flossenkiel ersetzt, der den Tiefgang um 0,9 Meter erhöht. Ein neues Balanceruder mit Skeg wurde eingebaut. Der Klüverbaum wurde um 2,0 Meter verlängert, auch Groß- und Besanmast wurden um 1,5 und 2,0 Meter verlängert, ebenso die Besangaffel und der Besanbaum. Die Rahen am Vormast wurden ganz entfernt und die Holzmasten durch Aluminium ersetzt. Die Decksbeschläge und Winden aus Aluminium wurden durch Bronzeteile ersetzt. Auch der Maschinenraum, einschließlich der Treibstofftanks, wurde erneuert, eine 540-PS-MAN-Maschine wurde anstelle der ursprünglichen 550-PS-GM installiert.

Der Umbau war bereits so weit fortgeschritten, daß die ADIX im September '91 am Oldtimeryacht-Rennen Nioulargue nach St. Tropez segeln konnte. Ende des Jahres kehrte sie zur Vervollständigung der Umbauarbeiten nach Falmouth zurück. 1992 segelte sie nach Schottland und Skandinavien, anschließend nach Sardinien, Italien und zum 92er Nioulargue nach St. Tropez, dann weiter in die Karibik. Von den West Indies führte die Rundreise über Nordamerika zurück nach Europa. Dabei wurde versucht, den Geschwindigkeitsrekord der alten ATLANTIC auf der Nordatlantikroute zu unterbieten.

Schiffsname	ADIX, ex-SCHOONER XXXX, ex-JESSICA
Baujahr	1983-84
Konstrukteur	Arthur Holgate, Südafrika
Bauwerft	Astilleros de Mallorca SA, Mallorca, Spanien
Eigentümer	Ocean Sailing Adventures Ltd, Guernsey
Flaggenstaat	England
Rigg	Dreimast-Gaffelschoner
Bauart	Stahl, Teakdeck
Länge ü. a.	64,5 m
Rumpflänge	56,0 m
Länge CWL	42,4 m
Breite	8,6 m
Tiefgang	4,8 m
Tonnage	370 td
Segelfläche	1720 qm/2600 qm total
Maschine	1 x 540 PS MAN
Besatzung	14 Stammbesatzung + 7 Passagiere
Jahr der Fotografie	1991
Ort der Fotografie	St. Tropez, Frankreich

ALEXANDER VON HUMBOLDT

Die Sail Training Association Germany (STAG) wurde in den frühen 80er Jahren gegründet, um als Schirmherrin für zahlreiche Segelschulorganisationen und -fahrzeuge zu fungieren und um eine Basis für den Erwerb eines größeren, rahgetakelten Jugendschulschiffes zu schaffen.

Zu diesem Zweck wurde 1986 eine eng an die STAG angelehnte Treuhandgesellschaft ins Leben gerufen, die Deutsche Stiftung Sail Training (DSST). Man erwarb das Feuerschiff KIEL, das gerade von seiner Position in der Deutschen Bucht außer Dienst gestellt worden war, um es zur Bark umzubauen.

Der Rumpf mit seinen klassischen Segelschiffslinien war für diesen Zweck ideal geeignet. Er befand sich in einem ausgezeichneten Zustand und besaß entsprechend den neuzeitlichen Sicherheitsanforderungen zahlreiche wasserdichte Schotten.

Die Umbaupläne wurden von dem polnischen Konstrukteur Zygmunt Choren, der bereits die DAR MLODZIEZY (S. 76) und die POGORIA (S. 156) entworfen hatte, und von Kapitän Manfred Hövener, dem künftigen Kapitän des Schiffes und Vorstand der DSST, gezeichnet.

Unter dem zwischenzeitlichen Namen CONFIDENTIA wurde das Feuerschiff von Wilhelmshaven nach Bremerhaven in die Werft der Motorenwerke GmbH verholt. Die Umbaufinanzierung von 2,2 Millionen Mark lastete auf drei Hauptsponsoren: Brauerei Beck & Co., Messerschmitt-Bölkow-Blohm und einem anonymen Geldgeber aus Bremerhaven.

Nach ihrer Vollendung wurde die Bark auf den Namen des deutschen Forschers und Geographen Alexander von Humboldt getauft. Die Jungfernfahrt fand im März 1988 statt.

An den flaschengrünen Segeln, der Markenfarbe des „Becks Bier", ist der Rahsegler schon aus großer Entfernung zu erkennen, ebenso an dem grünen Rumpf, ähnlich den einst berühmten Kap-Hoorn-Seglern der Bremerhavener Reederei Rickmers.

Mast und Takelage entsprechen dem polnischen Stil: Die Masten bestehen aus einem Stück ohne Stengen, ebenso bleiben die Rahen beim Segelbergen auf ihrer Position. Der doppelte Besan mit den zwei Gaffeln ist dagegen typisch deutsche Eigenart.

Die Aufbauten mit erhöhtem Poopdeck, Mittschiffsaufbau und hoher Back entsprechen denen der „Drei-Insel-Schiffe". Nur im Versaufloch ist das Hauptdeck nach oben offen und wird zwischen Back und Mittschiffsaufbau durch eine breite Manöverbrücke überspannt. Im Achterschiff sind Kapitänskajüte und Offiziersmesse untergebracht. Die Crewmesse, Traineemesse, Waschräume und Kombüse sind mittschiffs. Das Zwischendeck ist mit Einzelkammern für die Crew und Zwei- und Vierbettkammern für die Trainees belegt.

ALEXANDER VON HUMBOLDT ist in Bremerhaven beheimatet und fährt eine Stammbesatzung von 15 Mann. Die Trainees sind junge Frauen und Männer zwischen 16 und 24 Jahren.

Während des Sommers segelt die Bark Ein- und Zweiwochentörns in Ost- und Nordsee und nimmt regelmäßig an Großsegler-Regatten teil. Während des Winters setzt sie ihre Schulungstörns in den milderen Seegebieten um die Kanarischen Inseln fort.

Schiffsname	ALEXANDER VON HUMBOLDT, ex-CONFIDENTIA, ex-KIEL, ex-RESERVE HOLTENAU, ex-RESERVE SONDERBURG
Baujahr	1906, umgebaut 1987-88
Bauwerft	Werft AG Weser, Bremen
Eigentümer	Deutsche Stiftung Sail Training
Flaggenstaat	Deutschland
Rigg	Bark
Bauart	Stahl, Holzdeck
Länge ü. a.	63,0 m
Rumpflänge	54,0 m
Länge CWL	46,6 m
Breite	8,0 m
Tiefgang	4,8 m
Tonnage	396 BRZ/grt, 830 td
Segelfläche	1010 qm
Maschine	1 x 510 PS MAN
Besatzung	20 Stammbesatzung + 35 Trainees
Jahr der Fotografie	1989
Ort der Fotografie	Cowes, England

ALEXANDRIA

Die ALEXANDRIA war ursprünglich als Dreimast-Gaffelschoner von 160 Ladetonnen in Schweden gebaut worden. Ausgerüstet mit einem 55-PS-Hilfsmotor lief sie als YNGVE vom Stapel. Eigner war der schwedische Kapitän Karl Anders Ögård aus Graverne. 1937 wurde sie zum Zweimastschoner umgetakelt und fuhr die meiste Zeit im Fischhandel zwischen Island und Skandinavien. 1939 bekam sie einen anderen schwedischen Eigner. Er nannte sie LINDÖ und baute eine 100-PS-Maschine ein.

Während des Krieges fuhr sie im Ostseehandel, mit dem Schiffsnamen in riesigen Buchstaben beidseits auf den Bordwänden und großer aufgemalter Flagge, im Vertrauen auf die Neutralität Schwedens und in der Hoffnung, keine der kriegführenden Parteien würde sie irrtümlich zum Ziel nehmen.

Mehrmals wechselte LINDÖ zwischen 1940 und 1955 den Besitzer. 1955 wurde das Rigg zur Hilfsbesegelung verkleinert, aber sie blieb als Handelsschiff weiter unter schwedischer Flagge im Dienst, bis sie 1969 aufgelegt wurde.

1970 wurde sie an die Baltic Schooner Association of Denmark verkauft, die sie zum Charterschiff umbaute. Neue Eigner waren der Engländer Peter Wood und der Deutsche Klaus Jacobi. Sie besaßen bereits den Toppsegelschoner GEFION, der in Grand Cayman registriert war. Dort wurde LINDÖ ebenfalls registriert, und ihr Name wurde jetzt auf dänische Art geschrieben: LINDØ.

Die Restaurierungs- und Umbauarbeiten nahm Gunnar Brink Christensens Werft in Hobro, Dänemark, in Angriff. 1974 wurde das Schiff unvollendet an den Kanadier Brian Watson von der Flying Turtle Charter & Trading Co. verkauft, blieb aber weiter in Georgetown, Grand Cayman, registriert. Die Arbeiten wurden auf der J. Ring Andersen Werft in Svendborg vollendet. Dort wurde das Schiff auch zum Dreimast-Toppsegelschoner getakelt.

1976 nahm LINDØ an der Großsegler-Regatta von Plymouth über Teneriffa, Bermuda, Newport, New York nach Boston teil. Im darauffolgenden Jahr wurde sie an den amerikanischen Kapitän Greg Birra von der Atlantic Schooner Association of New Jersey, Delaware, verkauft. Er vercharterte sie in der Karibik und stellte sie 1978 für Peter Benchleys Film „The Island" zur Verfügung. Als 1980 die abgebildete Aufnahme entstand, fuhr LINDØ Chartertörns von Antigua aus. Darauf nahm sie an der Großsegler-Regatta von Boston nach Kristiansand teil. Vor ihrer Rückreise in die Karibik kehrte sie zurück nach Dänemark, wo sie erneut bei J. Ring Andersen überholt wurde.

1983 wurde LINDØ von der Alexandria Seaport Foundation of Alexandria, Virginia, übernommen, um für soziale Aufgaben und Segelausbildung eingesetzt zu werden. Dennoch wird sie vorwiegend für Werbezwecke genutzt und ist als reisende Botschafterin der Stadt Alexandria mit einer Crew junger Leute, keinen Trainees, unterwegs.

1984 nahm sie am Großsegler-Treffen der Stadt Quebec in Kanada teil, wo sie auch offiziell in ALEXANDRIA umgetauft wurde.

Seitdem wird sie unregelmäßig für Segelreisen eingesetzt. Oft liegt sie auch für längere Zeit festgemacht in Alexandria.

1985 begleitete sie die DANMARK (S. 74) nach Washington DC. 1986 nahm sie an der Operation Sail in New York und 1991 an der Tall Ships Rally der American Sail Training Association auf der Chesapeake Bay teil.

Schiffsname	ALEXANDRIA, ex-LINDØ, ex-LINDÖ, ex-YNGVE
Baujahr	1929
Bauwerft	Albert Svensson, Björkenås, Schweden
Eigentümer	Alexandria Seaport Foundation, Alexandria, Virginia, USA
Flaggenstaat	USA
Rigg	Dreimast-Toppsegelschoner
Bauart	Holz
Länge ü. a.	38,1 m
Rumpflänge	27,5 m
Länge CWL	25,6 m
Breite	6,7 m
Tiefgang	2,8 m
Tonnage	102 grt, 65 nrt, 176 t TM
Segelfläche	650 qm
Maschine	230 PS
Besatzung	ca. 15
Jahr der Fotografie	1980
Ort der Fotografie	Antigua

AMERICA

1850 entschlossen sich John Cox Stevens, Kommodore des neugegründeten New York Yacht Clubs, und einige seiner Freunde, eine Schoneryacht in Auftrag zu geben. Mit dem Schiff wollten sie am Hundred Guinea Trophy Race teilnehmen, das zu Beginn der Londoner Weltausstellung 1851 stattfinden sollte. Die Linien der selbstbewußt AMERICA genannten Yacht waren von den New Yorker Lotsenschonern inspiriert, und sie wurde im Winter 1850 von der Werft William Brown, New York City, auf Kiel gelegt.

Das legendäre Rennen fand am 22. August 1851 statt, auf einem 58 Meilen Rundkurs um die Isle of Wight. AMERICA war die einzige ausländische Herausforderin gegen die Creme der britischen Yachtsegler auf 14 der schnellsten Schoner und Kutter des Royal Yacht Squadron. Um zehn Uhr vormittags wurde der Startschuß abgefeuert. Zehneinhalb Stunden später passierte die AMERICA die Ziellinie. Ihr nächster Rivale lag außer Sicht 18 Minuten zurück.

Als Königin Victoria, die auf der königlichen Yacht VICTORIA AND ALBERT das Rennen verfolgte, fragte, welche Yacht zweite sei, lautete die Antwort: „Königliche Hoheit, es gibt keine zweite . . ." Britannien war wenig erbaut.

Die silberne Hundert-Guineen-Trophäe wurde in den New York Yacht Club gebracht. Sie wurde als America's Cup bekannt, als der NYYC sich entschloß, sie 1857 als Preis für eine international ausgeschriebene Herausforderung auszusetzen. Das erste Mal wurde die Herausforderung 1870 von Großbritannien angenommen. Der Rest ist Yachtgeschichte.

Unzählige Millionen wurden ausgegeben, dem NYYC die silberne Kanne wieder zu entreißen. Doch 132 Jahre blieb sie in dessen Besitz, bis sie 1983 von der AUSTRALIA II gewonnen wurde. Nach dem Mißmatch 1988 in San Diego wurde die Vergütung für die America-Klasse neu festgelegt. Somit steht einer weiteren Serie von Herausforderungen im 21. Jahrhundert nichts mehr im Wege.

1966 beging Rudolf J. Schaefer den 125. Jahrestag der Gründung seiner Firma, der Schaefer Breweries, mit der Kiellegung eines Nachbaues der legendären Yacht. Gezeichnet wurde er von den amerikanischen Designern Sparkman & Stevens. Sie hielten sich eng an Pläne der britischen Admiralität, die angefertigt worden waren, als die erste AMERICA in britische Hände gelangte.

Nach alter Bootsbaukunst wurde das Schiff aus Kiefer gefertigt. Bis auf die moderne Innneneinrichtung und einen Hilfsmotor war sie in jeder Hinsicht mit dem Original identisch. Sogar die Segel wurden von Ratsey & Lapthorn angefertigt, die bereits vor 116 Jahren den Schoner mit einem Klüversegel ausgestattet hatten.

Die neue AMERICA begleitete die America's Cup Herausforderung 1967 und erregte in Newport genauso viel Aufsehen wie INTREPID und DAME PATTIE, Verteidiger und Herausforderer des Jahres.

Anschließend wechselte sie in den Besitz der Chartergesellschaft AMERICA Corp. of Wilmington, Delaware, und kam später zu Carlos Perdomo, einem argentinischen Schiffsmakler. Er lebte die meiste Zeit an Bord und betrieb seine Geschäfte mit Hilfe einer nicht zum Stil des Schiffes passenden Telekommunikationsanlage, die er hatte einbauen lassen. Als er sich zum Bau der wesentlich größeren JESSICA entschloß (siehe ADIX, S. 18), verkaufte er 1981 die AMERICA an Ramon Mendoza aus Spanien. Dieser ließ sie weiß lackieren - auf dem Bild ist sie noch in ihrem alten, vornehm schimmernden Schwarz zu sehen.

Schiffsname	AMERICA
Baujahr	1967
Konstrukteur	George Steers, William Brown, Sparkman & Stevens
Bauwerft	Goudy & Steven, East Boothbay, Maine, USA
Eigentümer	Ramon Mendoza
Flaggenstaat	Spanien
Rigg	Gaffelschoner
Bauart	Holz
Länge ü. a.	39,6 m
Rumpflänge	31,9 m
Länge CWL	27,6 m
Breite	7,0 m
Tiefgang	3,5 m
Tonnage	92,24 grt, 66 nrt, 165,5 td, 190 t TM
Segelfläche	500,5 qm
Maschine	1 x 320 PS GM SV-71
Besatzung	7
Jahr der Fotografie	1968
Ort der Fotografie	Cowes, England

AMERIGO VESPUCCI

Die AMERIGO VESPUCCI ist eines der größten Segelschiffe unserer Zeit. Sie dient den italienischen Marinekadetten der Leghorn Marine Akademie als Schulschiff. Als einziger existierender rahgetakelter Dreidecker erinnert ihre Erscheinung an die dampf- und segelgetriebenen Linienschiffe der Mitte des 19. Jahrhunderts, mit ihrer verzierten Heckgalerie, dem steil aufragenden Bugspriet, der ausgearbeiteten Galion und den aufgemalten Stückpforten.

Sie ist auf den Namen des Florentiner Weltreisenden und Kartographen Amerigo Vespucci getauft. Mit seinem Vornamen signierte dieser die Karten der Neuen Welt, die von dem genuesischen Navigator Christoph Kolumbus entdeckt worden war.

Die AMERIGO VESPUCCI wurde unter Mussolini gebaut, der eine Vorliebe für monumentale Projekte hatte. Ihre Kiellegung fand am 12. Mai 1930 statt, und im folgenden Jahr wurde sie vom Stapel gelassen. Ihr zwei Jahre älteres Schwesterschiff CRISTOFORO COLOMBO wurde 1949 als Kriegsbeute von der Sowjetunion beansprucht und in DUNAY umbenannt. Sie diente bis 1963 als Schulschiff im Schwarzen Meer und wurde 1971 in Odessa abgewrackt.

Die AMERIGO VESPUCCI blieb im Dienst der italienischen Marine, die sie in bestem Zustand erhält. Alle Klampen und Belegnägel sind mit polierten Messingschildern beschriftet, und die Fallen laufen sauber aufgeschossen in lackierte Holzfässer an Deck.

Es ist ein faszinierender Anblick, wenn zur Parade an die 300 Kadetten und Stammcrew in gutsitzenden marineblauen Uniformen mit weißen Mützen und Handschuhen aufentern und die Rahen bemannen.

So wie die alten schwerfälligen Linienschiffe Geschwindigkeit und Handlichkeit der Feuerkraft opferten, braucht auch AMERIGO VESPUCCI eine kräftige Brise, um in Fahrt zu kommen, und über ihre Amwind-Eigenschaften kann man streiten. Deshalb pflegt sie sich häufiger des doppelten Elektro-Diesels zu bedienen, der sie mit 10,5 Knoten vorantreibt.

Dennoch geht sie jedes Jahr auf ausgedehnte Reisen. Crew und Kadetten demonstrierten ausgezeichnete Seemannschaft, als sie 1991 im Nord-Ostsee-Kanal während der Fahrt wegen kreuzender Stromkabel die Toppstengen streichen mußten, um sie anschließend wieder zu setzen.

Das Schiff ist in La Spezia stationiert und unternimmt gewöhnlich im Juni eine kurze Mittelmeerkreuzfahrt nur mit Stammbesatzung an Bord. Bis September führt eine Dreimonatsreise mit Kadetten nach Nordwesteuropa und manchmal in die Ostsee. Oft hat sie im Austausch Kadetten aus lateinamerikanischen Ländern oder der Dritten Welt an Bord.

Häufig sieht man AMERIGO VESPUCCI auf Großsegler-Treffen wie der Sail Amsterdam oder den Operation Sails in Amerika. Auch an der Kolumbus-Regatta 1992, die im Rahmen der 500-Jahr-Feier der Entdeckung Amerikas stattfand, hat sie teilgenommen. Wenn sie wegen ihrer schwachen Segeleigenschaften auch kaum mit den anderen Großseglern mithielt, konnte sie sie sicher manchmal unter Mitwirkung ihres „eisernen Toppsegels“ begleiten.

Schiffsname	AMERIGO VESPUCCI
Baujahr	1931
Konstrukteur	Lt. Col. Francesco Rotundi
Bauwerft	Castellamare di Stabia, Neapel, Italien
Eigentümer	Italienische Marine, Accademia Navale, Livorno
Flaggenstaat	Italien
Rigg	Vollschiff
Bauart	Stahl, Holzdeck
Länge ü. a.	100,6 m
Rumpflänge	82,3 m
Länge CWL	70,0 m
Breite	15,5 m
Tiefgang	7,2 m
Tonnage	2686 t TM, 3543/4146 td
Segelfläche	2580 qm
Maschine	2 x 950 PS Fiat-Marelli Elektro-Diesel auf eine Schraube
Besatzung	303 Stammbesatzung + 105 Kadetten
Jahr der Fotografie	1977
Ort der Fotografie	Cowes, England

AMPHITRITE

Die AMPHITRITE ist die älteste Yacht von Camper & Nicholsons, die immer noch im Dienst steht - eine Überlebende aus dem Zeitalter der Klippersteven und der blaublütigen Herrensegler. Als HINEMOA lief sie 1887 für Colonel MacGregor, den Vizekönig von Indien, vom Stapel. Sie war als Zweimastschoner getakelt. Ihre Segelfläche mit dem weit über das Heck hinausragenden Großbaum betrug 600 Quadratmeter, und natürlich besaß sie noch nicht die heutigen unförmigen Deckshäuser.

Obwohl sie gelegentlich an Regatten teilnahm, war sie für Kreuzfahrten gebaut. Rumpf, Spanten und Deck bestanden aus Teak, und unter Wasser war sie mit Kupfer beschlagen.

1892 wurde HINEMOA an den Herzog von Harewood verkauft, der sie AMPHITRITE nannte nach der Frau des Meeresgottes Poseidon aus der Griechischen Mythologie. 1930 ging der Schoner an den Herzog von Arran, der sie zur Barkentine umtakeln ließ, mit vier Rahen am Vormast und 765 Quadratmetern Segelfläche. 1965 erwarb sie der schwedische Millionär Hans Ostermann, und schon 1969 wurde sie an François Spoerry weiterverkauft, den französischen Städteplaner, der gerade Port Grimaud in der Nähe von St. Tropez errichtete. Dort wurde AMPHITRITE im Rahmen des „Club de la Mer" als Segelschulschiff und für Abenteuertörns eingesetzt, mit jeweils 21 Trainees bei sieben Mann Stammbesatzung. Zu dieser Zeit wurde sie weiß gestrichen und hatte eine Segelfläche von 520 Quadratmetern.

Nach einer Anzahl derartiger Abenteuerkreuzfahrten wurde sie 1970 an die Horst Film GmbH, Berlin, verkauft und in Kiel registriert. Ein Jahr später wurde die Amphitrite-Schiffahrts KG, Berlin, neuer Eigner der Yacht. Nach einer Grundüberholung in Toulon wurde AMPHITRITE an Filmproduktionen verchartert. In einem Film stellte sie die MARY CELESTE dar, in einem anderen die berühmte NIOBE auf der Weltfahrt des Grafen Luckner.

Im September 1974 wurde AMPHITRITE an das Clipper Deutsches Jugendwerk zur See e.V. verkauft, das den Dreimastschoner ALBATROS, den Schoner JOHANN SMIDT und die große Gaffelketsch SEUTE DEERN II besitzt. 1975 wurde AMPHITRITE auf der Hapag Lloyd Werft in Bremerhaven gründlich überholt.

Heute ist sie als Dreimastschoner mit Breitfock getakelt. Die einzelne große Rahfock wird zum Mast hin aufgegeit. Seit den frühen 80er Jahren ist der Rumpf dunkelbraun.

Das Clipper Jugendwerk für junge Leute zwischen 16 und 25 Jahren wird ehrenamtlich geleitet, seine Schiffe nach dem Rotationsprinzip von einer Gruppe ehrenamtlicher Kapitäne geführt, darunter manchen Kap Hoorniers und einigen, die bereits die GORCH FOCK befehligt haben.

AMPHITRITE ist in Bremen registriert, aber normalerweise segelt sie von Travemünde in die Ostsee und ist bei allen Großsegler-Treffen in der Ostsee dabei. Im Winter liegt sie in Bremerhaven.

Schiffsname	AMPHITRITE, ex-HINEMOA
Baujahr	1887
Konstrukteur	Camper & Nicholsons
Bauwerft	Camper & Nicholsons, Gosport, England
Eigentümer	Clipper – Deutsches Jugendwerk zur See e.V., Hamburg
Flaggenstaat	Deutschland
Rigg	Dreimast-Gaffelschoner mit Rahfock
Bauart	Holz
Länge ü. a.	44,3 m
Rumpflänge	38,3 m
Länge CWL	28,6 m
Breite	5,7 m
Tiefgang	3,7 m
Tonnage	110,84 grt, 61,60 nrt, 170 t TM
Segelfläche	543 qm
Maschine	2 x 180 PS Mercedes auf Doppelschrauben
Besatzung	5-6 Stammbesatzung + 23 Trainees
Jahr der Fotografie	1967
Ort der Fotografie	Marseilles, Frankreich

AMPHITRITE

ANNA KRISTINA

Die ANNA KRISTINA ist eine gelungen restaurierte Hardanger „Jakt“ - eine Yacht in der ursprünglichen Bedeutung des holländischen Begriffes „Jacht“ für die schnellen Boote, die den Hering von den Fangflotten in der Nordsee zur Küste gebracht haben. Auch die Hardanger Yachten bekamen ihren Namen wegen ihrer Handlichkeit und Geschwindigkeit, und auch sie wurden eingesetzt, um den gefangenen Fisch von den Lofoten nach Bergen oder ins südliche Norwegen zu bringen. Doch sie machten auch Fracht- und Passagierfahrten entlang der Küste, viele fuhren als Robbenjäger bis in die Barentssee und ins Weiße Meer, und einige segelten sogar als Auswandererschiffe von Norwegen nach Amerika.

Von 1840 bis nach dem Ersten Weltkrieg wurden Tausende von ihnen gebaut. Die meisten, die heute noch segeln, überlebten auf die übliche Weise - als motorisierte Küstenfrachter mit oder ohne Hilfsbesegelung und mit Steuerhaus auf dem Achterschiff.

Auch ANNA KRISTINA wurde von dem nach Norwegen eingewanderten Holländer Hans van de Vooren in diesem Zustand erworben. Von 1978 bis ’81 restaurierte er die „Jakt“, um sie als Charteryacht einzusetzen. So kreuzte sie auf längeren Törns mit bis zu 14 Gästen durch die Fjorde oder machte Kaffeefahrten mit bis zu 40 Tagesgästen, oft in Begleitung van de Voorens anderer Yacht, der ANNA ROSA.

1986 wurden beide Yachten von der Landmark School of Pride’s Crossing, Massachusetts, gechartert. Auf diesen „segelnden Klassenzimmern“ sollten die Schüler die Küsten Europas kennenlernen.

1987 wurde ANNA KRISTINA für die Teilnahme am First Fleet Re-enactment gechartert, das zur australischen 200-Jahr-Feier von Portsmouth nach Sydney gehen sollte. Sie wurde sorgfältig für die Weltreise ausgerüstet, und auf dem Foto sieht man sie am 13. Mai 1987 am Start im Kielwasser der BOUNTY.

Auf der Etappe von Rio nach Kapstadt ereignete sich ein tragischer Unfall. Der Erste Steuermann verlor nachts auf dem Klüverbaum den Halt und stürzte in die See, als die ANNA KRISTINA gerade sechs Knoten Fahrt lief. Zwei Bordkameraden sprangen gleich zu seiner Rettung hinterher und konnten von Glück sagen, daß man sie wieder aufgefischt hat. Der Steuermann aber blieb.

Am 26. Januar 1988, dem 200. Jahrestag der Landung der „First Fleet“, nahm die ANNA KRISTINA an der Großsegler-Parade in Sydney teil. Anschließend segelte sie die Ostküste Australiens entlang. Nachdem die Charter im Juni 1988 auslief, kreuzte sie über Neuseeland in die Südsee nach Fidschi, Tonga, Samoa, den Cook-Inseln und Tahiti. Oft wurde sie begleitet von der SØREN LARSEN (S. 182), der R. TUCKER THOMPSON (S. 166) und dem Toppsegelschoner TRADEWIND. Im Frühjahr 1989 trafen sich ANNA KRISTINA und ANNA ROSA in Tahiti. Sie bekamen eine Charter für einen Film in Samoa, fuhren als Walbeoachtungsstation und wurden vom Auckland Museum als Bollwerkattraktion und für Tages- und Wochentörns gemietet.

Schließlich verließen beide Neuseeland am 7. April 1991. ANNA KRISTINA erreichte Teneriffa am 15. September, ANNA ROSA wurde nach Frankreich verkauft und in das Schiffahrtsmuseum Douarnenez überführt.

ANNA KRISTINA segelte Chartertörns zwischen den Kanarischen Inseln, nahm im Sommer 1992 an der Kolumbus-Regatta teil und segelte im darauffolgenden Winter wieder in die Kanaren. Endlich, nach sechs Jahren Abwesenheit von der Heimat, kehrte sie im Sommer 1993 in die norwegischen Gewässer zurück.

Schiffsname	ANNA KRISTINA
Baujahr	1889-90, restauriert 1978-81
Bauwerft	in Stangvik, Norwegen
Eigentümer	Hardanger Yacht Sailing (Hans van de Vooren), Tysnes, Norwegen
Flaggenstaat	Norwegen
Rigg	Ketsch
Bauart	Holz
Länge ü. a.	32,0 m
Rumpflänge	22,9 m
Länge CWL	20,0 m
Breite	6,4 m
Tiefgang	2,8 m
Tonnage	83,6 grt
Segelfläche	402 qm
Maschine	1 x 275 PS Volvo Penta
Besatzung	6 Crew + 14 Passagiere
Jahr der Fotografie	1987
Ort der Fotografie	Solent, England

ANNA KRISTINA

ARTEMIS

Der Kiel dieses Ostseeschoners wurde 1902 auf der Werft von Zacharias T. Jacobsen im dänischen Troense gelegt. 1903 lief sie unter dem Namen NOAH vom Stapel. Anschließend segelte sie viele Jahre gemeinsam mit vielen anderen Schonern im Ostseehandel, aber auch nach England, Frankreich, Island, Neufundland, nach Italien und Afrika und überall dorthin, wo für große Handelsschoner ihrer Art noch Ladung zu bekommen war. Meist transportierte sie Salz für die Fischereien nach Neufundland und eingesalzenen Kabeljau von dort nach Spanien, Italien und Afrika, Holz aus dem Ostseeraum oder Kanada, Ziegelsteine, Kohlen, Tonerde, aber auch Porzellan und verschiedene Handelsgüter.

1930 bekam NOAH ihre erste Maschine, einen 110-PS-Diesel. Fünfzehn Jahre später gelangte sie in die Hände neuer Eigner, die sie PEDER MOST nannten und in Svendborg, Dänemark, registrieren ließen. Bald darauf wurde sie nach Ålborg weiterverkauft und in ANNA THORA umbenannt. 1946 abermals verkauft, verkürzte man ihren Namen auf THORA. Seit Kriegsbeginn durfte sie nur noch im nahen Küstenhandel tätig sein. Ihr Rigg wurde verkleinert und diente nur noch als Hilfsbesegelung. 1947 wurde sie an H. Jeppesen in Kopenhagen verkauft und hieß jetzt ARTEMIS. Von 1954 bis 1965 fuhr sie als Küstenmotorschiff für eine Eignergemeinschaft aus Marstal.

Dann kaufte sie Kapitän Nicholas Dekker und registrierte sie in Rotterdam. Er restaurierte sie wieder zum Dreimastschoner mit einem einzelnen Rahtoppsegel, das mit einer Rollreffanlage versehen war, die Dekker von der französischen BELLE POULE (S. 50) übernommen hatte. Kapitän Dekker hatte den Plan, mit der ARTEMIS als schwimmendes Antiquitätengeschäft von Hafen zu Hafen zu segeln, aber Zoll und Behörden erschwerten die Durchführung. Dekker lebte an Bord zusammen mit seiner Pariser Ehefrau und Tochter und einem Klavier, das im Laderaum festgelascht war.

1976 nahm Nicholas Dekker an der Transatlantik-Regatta für Großsegler teil, um die ARTEMIS in den USA zu verkaufen. Rick und Sharron Harrington aus Texas erwarben sie und richteten sie als reisendes Schiffahrtsmuseum ein. Oft lagen sie in Galveston, Texas, oder Mobile, Alabama. Doch das Unternehmen war kein finanzieller Erfog, und 1979 wurde die ARTEMIS an den Engländer Chris Guiry aus St. John, New Brunswick, verkauft.

Am 5. Mai 1980 verließ die ARTEMIS mit Chris Guiry als Kapitän Mobile Kurs St. John. An Bord eine Crew von acht Mann und eine Ladung Holzöfen. In den Morgenstunden des 9. Mai wurde ARTEMIS von einem Sturm mit außerordentlich schweren Böen überrascht. Zweimal wurde sie bis über das Schanzkleid auf die Seite gedrückt. Beide Male richtete sie sich wieder auf, aber beim zweiten Stoß sprang eine Kielplanke auf, und sie machte mehr Wasser, als die Pumpen bewältigen konnten.

Zwölf Stunden lang kämpfte die Crew gegen die eindringenden Wassermassen, aber bei Anbruch der Nacht lag der Schoner bereits sehr tief im Wasser. Plötzlich holte ARTEMIS weit über und kenterte. Dabei brach einer der Masten, und Chris Guiry verfing sich in der Takelage und versank beinahe zusammen mit seinem Schiff. Im letzten Moment konnte er sich befreien und rettete sich zu der übrigen Besatzung in die Rettungsinsel. Alle wurden gerettet, ARTEMIS aber sank.

Schiffsname	ARTEMIS, ex-THORA, ex-ANNA THORA, ex-PEDER MOST, ex-NOAH
Baujahr	1903
Konstrukteur	Z. T. Jacobsen
Bauwerft	Z. T. Jacobsen, Troense, Dänemark
letzter Eigentümer	Schooner Ventures, Kanada
letzter Flaggenstaat	Kanada
Rigg	Dreimast-Toppsegelschoner
Bauart	Holz
Länge ü. a.	45,0 m
Rumpflänge	36,6 m
Länge CWL	32,3 m
Breite	7,9 m
Tiefgang	3,1 m
Tonnage	240 grt, 284 TM, 380 td
Segelfläche	560 qm
Maschine	1 x 120 PS Burmeister & Wain Alpha
Besatzung	variabel - mindestens 7 Mann auf Reisen
Jahr der Fotografie	1976
Ort der Fotografie	Plymouth, England

ASGARD II

Bei der schönen smaragdgrünen Brigantine handelt es sich um das staatliche Segelschulschiff Irlands. Das Verteidigungsministerium kam für die Baukosten auf. Eigentümer ist die irische Marine, aber das Schiff wird grundsätzlich als zivile Segelschule für junge Leute eingesetzt. Die laufenden Kosten werden aus einer Stiftung des Finanzministeriums bestritten. Führung und Einsatzplanung erfolgt durch das Coiste an Asgard, einem von der Regierung ernannten Komitee.

Die erste ASGARD, benannt nach dem nordischen Sitz der Götter, war eine 45 Fuß große Colin Archer-Ketsch, 1905 gebaut, die dem bekannten englischen Schriftsteller Erskine Childers („Das Rätsel der Sandbank") gehörte. Er setzte sich für die Sache der irischen Freiheitskämpfer ein, benutzte ASGARD 1914 zum Waffenschmuggel von Hamburg nach Irland und wurde 1922 von politischen Gegnern erschossen. Sein Sohn wurde der erste Premierminister des unabhängigen Irland.

1961 kaufte die irische Regierung ASGARD wegen ihrer beziehungsreichen Vergangenheit. 1968 wurde Coiste an Asgard gegründet, um ASGARD als Segelschulschiff zu nutzen.

1975 mußte sie wegen Altersschwäche außer Dienst gestellt werden und wird heute als nationales Denkmal erhalten.

Von 1975 bis 1980 segelte CREIDNE, eine kleine hölzerne Bermuda-Ketsch, an ihrer Stelle. Inzwischen wurde ASGARD II gebaut und am 7. März 1981 in Arklow von Premierminister Haughey persönlich in Dienst gestellt.

Der erste Kapitän war bis zu seiner Pensionierung 1988 Erick Healy, ehemals Skipper der alten ASGARD und der CREIDNE.

Der Wohnbereich der Trainees ist ein offenes Messedeck vor dem Hauptspant. Doppelstöckige Kojen bilden die Seiten, zwei Messetische stehen in der Mitte. Der Fußboden unter den Wohnräumen im Achterschiff ist angehoben, um der Maschine Platz zu schaffen. Hier ist die Kombüse untergebracht, drei Kabinen für die Stammbesatzung und die behagliche Hauptkajüte im Heck. Das Deckshaus auf dem Achterdeck dient als Kartenraum.

ASGARD II hat fünf Mann Stammbesatzung und Unterbringungsmöglichkeiten für 20 Mitsegler. Diese setzen sich üblicherweise aus zwei Erwachsenen, Navigator und Zahlmeister, und 18 jungen Leuten zwischen 16 und 24 Jahren zusammen. Die jungen Segler stellen drei Wachen mit je einem erfahreneren Wachführer.

Im Frühjahr und Herbst werden auch Törns mit Erwachsenen gesegelt. Meist dauern sie eine Woche, im Sommer auch länger, besonders dann, wenn das Schiff an Großsegler-Regatten teilnimmt.

1985 unternahm ASGARD II einen Freundschaftsbesuch an die Ostküste der USA, und 1988 segelte sie beim Tall Ships Race von Hobart nach Sydney mit und bei den Festlichkeiten zur australischen 200-Jahr-Feier. Für die Passage nach Australien und zurück wurde sie an Deck eines Frachters verladen. Sie hätte die Reise ohne weiteres auf eigenem Kiel machen können, aber das hätte sie zu lange von ihrem normalen Ausbildungsprogramm abgehalten, und die Kosten des häufig nötigen Crewwechsels unterwegs wären beträchtlich gewesen.

Im Sommer 1989 nahm ASGARD II an der Sail in Hamburg anläßlich des 800. Hafengeburtstages teil.

Schiffsname	ASGARD II
Baujahr	1981
Konstrukteur	John Tyrell
Bauwerft	Tyrell & Sons, Arklow, Co. Wicklow, Irland
Betreiber	Coiste an Asgard, Dublin, Irland
Flaggenstaat	Irland
Rigg	Brigantine
Bauart	Holz
Länge ü. a.	31,7 m
Rumpflänge	25,5 m
Länge CWL	21,2 m
Breite	6,4 m
Tiefgang	2,9 m
Tonnage	92,67 grt, 50,06 nrt, 120 td
Segelfläche	370 qm
Maschine	1 x 160 PS Kelvin Marine
Besatzung	5 Stammbesatzung + 20 Mitsegler
Jahr der Fotografie	1982
Ort der Fotografie	Cowes, England

Asgard II

ASTRID

Zum Ende der Ersten Weltkrieges auf Kiel gelegt, wurde das Schiff noch vor Fertigstellung von der anschließenden Schifffahrtskrise eingeholt. 1921 wurde es, immer noch auf dem Helgen, an Nicholas Muller verkauft. Bis 1924 vollendete er den Bau des Handelsschoners mit Hilfsmotor und gab ihm den Namen WUTA aus Dordrecht. Zehn Jahre später verkleinerte er ihr Rigg zu dem eines „vracht loggers", einer ketschgetakelten Hilfsbesegelung ohne Toppstengen. 1937 verkaufte er WUTA an die schwedische Seefahrerfamilie Jeppsson, die sie in ASTRID umtaufte und in Skillinge registrierte. Unter den neuen Eignern fuhr sie für die nächsten 38 Jahre im Ostseehandel Holz, Getreide und Kohlen - ab 1957 als reines Motorschiff ohne Masten.

Ein Jahr nach dem Tode von Edmund Frohm, ihrem einzigen Kapitän während dieser Zeit, wurde sie an die Firma Karim Ahmed & Shafsack Mohammed Bassam verkauft, die sie in Tripoli, Libanon, registrierte, ohne aber ihren Namen zu ändern. Sie fuhr jetzt zwischen Nahost und Nordeuropa.

Wegen Verdacht auf Drogenschmuggel wurde sie am 15. Juli 1977 auf der Höhe von Dungeness vom britischen Zoll zum Beidrehen gezwungen. Dabei setzte die Crew das Schiff in Brand und sprang über Bord. Zwei Besatzungsmitglieder ertranken. Die ausgebrannte Hulk wurde nach Newhaven eingeschleppt und schließlich in einem Schlickbett am Fluß Hamble aufgegeben. Fünf Jahre später erwarb John Amos das Wrack in der Absicht, es wieder flottzumachen.

Inzwischen hatte sich Commander Graham Neilson 1982 vom Marinedienst zurückgezogen, um auf einem geeigneten Rahsegler eine Segelschule für Jugendliche ins Leben zu rufen. Er kaufte 1984 von John Amos den Rumpf der ASTRID. Deck und Aufbauten wurden vollständig entfernt und ein neues Stahldeck mit aufgesetztem Holzdeck verlegt. Kapitän Michael Willoughby und Bob Casson fertigten die Pläne für Rigg und Segel. Im New Forest wurden Douglasfichten geschlagen und von Jack Barnes zu Masten und Spieren verarbeitet. 1985 wurde unter dem Vorstand Commander Neilsons der gemeinnützige Astrid Trust ins Leben gerufen.

Nach über vier Jahren harter Arbeit und ständiger finanzieller Probleme unternahm ASTRID Ende 1988 die ersten Trimmfahrten. Sie zeigte sich unter Segeln noch besser als erwartet. In den folgenden Monaten wurde die Brigg dann fertiggestellt und am 24. Mai von Ihrer Hohheit, der Princess Royal, persönlich ihrer neuen Bestimmung übergeben.

Üblicherweise verläßt ASTRID England im September mit Jugendlichen von 17 bis 25 Jahren an Bord zu zwei dreimonatigen Schulungsreisen, mit einem Crewwechsel um die Weihnachtszeit in der Karibik und Rückkehr nach England im Frühling. 1994 nahm sie am Windjammertreffen in Rouen „L'Armada de la Liberté" teil.

Im Sommer segelt sie, meist im Englischen Kanal, eine Reihe kürzerer Törns, zu denen auch Trainees über 25 Jahre willkommen sind, und nimmt an Großsegler-Treffen teil. Auf diesen Kurztörns fehlt der Tauchlehrer in der Stammbesatzung von sonst acht Personen.

ASTRID entspricht den neuesten Sicherheitsbestimmungen des Board of Trade. Sie ist das jüngste britische Jugendschulschiff, trotz ihres alten Rumpfes. Dessen schwere Eisenkonstruktion ist immer noch in hervorragendem Zustand und dem modernen Schiffbau hinsichtlich Festigkeit und Dauerhaftigkeit derart überlegen, daß, Unglücksfälle einmal ausgeschlossen, die ASTRID wohl die meisten der heute gebauten Windjammer überleben wird.

Schiffsname	ASTRID, ex-WUTA
Baujahr	1924, restauriert 1988
Konstrukteur	Greg. van Leeuwen
Bauwerft	Greg. van Leeuwen, Scheveningen, Niederlande
Eigentümer	Astrid Trust, Weymouth, Dorset
Flaggenstaat	Großbritannien
Rigg	Brigg
Bauart	Eisen, Stahldeck mit Holz
Länge ü. a.	42,1 m
Rumpflänge	39,9 m
Länge CWL	30,8 m
Breite	6,7 m
Tiefgang	2,6 m
Tonnage	170 grt, 120 nrt, 270 td
Segelfläche	488 qm
Maschine	1 x 290 PS 6-Zylinder Scania
Besatzung	8 Stammbesatzung + 26 Trainees
Jahr der Fotografie	1988
Ort der Fotografie	Solent, England

ATLANTIS

ATLANTIS wurde 1905 als BÜRGERMEISTER BARTELS vom Stapel gelassen, um als Feuerschiff bei Station Elbe II Dienst zu tun. Heutzutage werden die Feuerschiffe von automatischen Leuchtbojen ersetzt, und außer Dienst gestellte Feuerschiffe werden wegen ihrer klassischen Segelschiffslinien gern als Großsegler restauriert. Beispiele in diesem Band sind ALEXANDER VON HUMBOLDT (S. 20) und BELLE BLONDE (S. 48).

Es war Kapitän Hartmut Paschburg, der frühere Kapitän und Miteigner des Dreimastschoners GROSSHERZOGIN ELISABETH (S. 108) und der Viermastbark SEA CLOUD (S. 170), der auch den Umbau der ATLANTIS initiierte. Die Restaurierungs- und Umbauarbeiten wurden 1984 bis '85 auf der Scheel & Joehnk Werft in Hamburg und in Stettin in Polen ausgeführt. Nach dem ursprünglichen Segelplan als Barkentine getakelt, unternahm sie im Frühsommer 1985 ihre ersten Trimmfahrten, an der Gaffel die Flagge der Fidschi-Inseln, auf dem Heck den Registerhafen Suva.

Sie sollte tatsächlich im Pazifik von der Tallship Cruises Ltd of Fiji betrieben werden, aber die Pläne wurden geändert, und ATLANTIS machte ihre Reisen an den europäischen Küsten unter Panama-Flagge.

1986 wurde ihr Segelriß verkleinert, weil sich herausgestellt hatte, daß sie, im Verhältnis zur Stabilität des Schiffes, übertakelt war. Das vordere Royal wurde entfernt und statt des Gaffelgroßsegels zwei Stagsegel gesetzt. Die Großgaffel blieb indes, um weiterhin das Gaffeltoppsegel setzen zu können - eine ungewöhnliche Zusammenstellung.

Seit 1988 segelte die Barkentine nur noch in europäischen Gewässern und nicht mehr in die Karibik. 1989 wurde ihr Registerhafen in La Valetta, Malta, geändert.

Man kann auf der ATLANTIS Einzelkojen buchen oder auch das ganze Schiff chartern. ATLANTIS besitzt die Klasse 100 A4 des Germanischen Lloyd für Passagier-Segelschiffe. Vierunddreißig Passagiere können in Doppelkabinen untergebracht werden, auf Tagestörns ist Platz für 70. Die Stammbesatzung besteht aus zehn Offizieren und Matrosen, drei Stewards, einem Zahlmeister und einem Koch. Im langgestreckten Poopdeck, das bis vor den Großmast reicht, ist die Passagiersmesse mit Bar untergebracht, dahinter liegen zwei Gästekabinen und die Achterquartiere für Kapitän, Ersten Offizier und Leitenden Ingenieur. Im mittleren Deckshaus sind Crewmesse und Küche untergebracht. Auf dem erhöhten Achterdeck befinden sich Kartenhaus und Sonnendeck.

Das ganze Schiff ist mit sechs wasserdichten Schotten unterteilt. Der Maschinenantrieb, 2 x 135 PS Mercedes, wirkt auf zwei Schottelpropeller.

Die Passagiere sind wie in einem Hotel untergebracht: mit breiten Doppelbetten, Fernsehgerät, Kühlschrank, Duschbad und Toilette, das ganze Schiff hat Air-Condition und Direktwahlverbindung per Satellitentelex und -telefon. Die meisten Passagiere der ATLANTIS kommen aus Deutschland.

Schiffsname	ATLANTIS, ex-BÜRGERMEISTER BARTELS
Baujahr	1905, umgebaut 1985
Bauwerft	J. N. H. Wichhorst, Hamburg
Eigentümer	Atlantis Cruise Lines (M) Ltd./KG Segeltouristik mbH + Co., Lübeck
Flaggenstaat	Malta
Rigg	Barkentine
Bauart	Stahl, Teakdeck
Länge ü. a.	57,0 m
Rumpflänge	49,7 m
Länge CWL	39,0 m
Breite	7,4 m
Tiefgang	5,1 m
Tonnage	365 grt, 191,7 nrt
Segelfläche	741,5 qm
Maschine	2 x 135 PS Mercedes auf 2 Schottelpropeller
Besatzung	15 Crew + 34 Passagiere
Jahr der Fotografie	1989
Ort der Fotografie	Cowes, England

BALCLUTHA

Die BALCLUTHA wurde 1886 in Glasgow für Robert MacMillan aus Dumbarton am Clyde gebaut - daher der gälische Name: (Bal: Stadt, Clutha: Clyde). Sie war der typische Kap-Hoorn-Segler aus der letzten Blütezeit der rahgetakelten Tiefwassersegler, stark gebaut, seetüchtig, mit großem Laderaum und dennoch verhältnismäßig schnell. Ihre Jungfernreise ging um Kap Hoorn nach San Francisco. Nicht weniger als 17 Mal segelte sie um das Kap während der folgenden Weltreisen. Sie brachte Kohle und Kurzwaren aus England, holte Getreide aus Kalifornien, Nitrat aus Chile, Guano aus Peru, Reis aus Rangun, Wolle aus Neuseeland.

Doch die britischen Reeder stellten sich bald auf Dampfschiffe um. Obwohl fast neu, wurde BALCLUTHA 1899 an die Colonial Shipping Co. in San Francisco verkauft, die das Schiff unter Hawaii-Flagge registrierten. Jetzt brachte sie Holz von der Westküste nach Australien und Kohle aus Newcastle, NSW, zurück zur Westküste. 1901 erwarben Pope & Talbot aus San Francisco die BALCUTHA und setzten sie unter amerikanischer Flagge für die alaskische Lachsfischerei ein.

Jedes Frühjahr wurden auf alten Segelschiffen, meist großen Rahseglern, Fischer und Konservenverarbeiter nach Alaska gebracht. In den Flußmündungen, wo der Lachs gefischt wurde, gingen die Segler vor Anker und dienten bis in den Herbst hinein als Fabrikschiffe. Vollgeladen mit Lachskonserven, Fischern und Arbeitern, segelten sie dann wieder heimwärts.

1903 bis 1904 wurde BALCLUTHA von der Alaska Packers Association of San Francisco gechartert. Im Mai 1904 lief sie bei der Insel Sitkinak auf Grund, schlug leck und lief voll Wasser. In diesem Zustand wurde sie von der Alaska Packers Association gekauft, der es im darauffolgenden Frühjahr gelang, sie zu heben und nach San Francisco zurückzubringen. Dort wurde sie repariert. Bei der Gelegenheit wurde das Achterdeck nach vorne verlängert, um mehr Wohnraum für Konservenverarbeiter zu gewinnen. Unter dem Namen STAR OF ALASKA - alle Namen der Alaska Packers Schiffe hießen „Star of . . ." - segelte sie von 1906 bis zum Ende der Lachsfischerei 1930.

1931 wurde sie an Frank Kissinger verkauft, einen Filmboß aus Los Angeles. Er taufte sie PACIFIC QUEEN, benutzte sie in mehreren Filmen und ließ sie zur Publikumsattraktion als Piratenschiff ausstaffieren. Die Zirkusnummer endete mit Beginn des Zweiten Weltkrieges. Der alte Kap Hoorner wurde in einem Schlickbett nahe Sausalito aufgelegt.

Dort lag sie in jämmerlichem Zustand, bis sie 1954 durch die Fürsprache von Karl Kortum, dem Direktor des Schifffahrtsmuseums von San Francisco, zum Zwecke der Wiederherstellung aufgekauft wurde. Damals begannen manche Menschen zu erkennen, daß die alten Segelschiffe fast verschwunden waren und daß es sinnvoll sein könnte, die letzten von ihnen der Nachwelt zu erhalten. Karl Kortum war einer der Vorreiter dieser Bewegung, und BALCLUTHA war das erste Schiff von vielen, zu deren Erhaltung er beitrug.

BALCLUTHA erhielt ihren alten Namen zurück und wurde, bis auf das verlängerte Poopdeck, in ihren Originalzustand zurückversetzt. Seit 1954 liegt sie jedermann zugänglich als maritimes Denkmal im Hafen von San Francisco.

Schiffsname	BALCLUTHA, ex-PACIFIC QUEEN, ex-STAR OF ALASKA, ex-BALCLUTHA
Baujahr	1886
Konstrukteur	Charles Connell & Co.
Bauwerft	Charles Connell & Co., Glasgow, Schottland
Eigentümer	National Maritime Museum in San Francisco
Flaggenstaat	USA
Rigg	Vollschiff
Bauart	Stahl, Holzdeck
Länge ü. a.	91,5 m
Rumpflänge	78,1 m
Breite	11,7 m
Tiefgang	6,9 m
Tonnage	1862 grt, 1590 nrt, 2660 twd
Segelfläche	1900 qm
Maschine	keine
Besatzung	26 zur Zeit ihrer Weltreisen
Jahr der Fotografie	1990
Ort der Fotografie	San Francisco, USA

BARBA NEGRA

BARBA NEGRA wurde 1896 als Galeasse gebaut, dem skandinavischen Schonertyp, bei dem beide Masten gleich hoch, das hintere Großsegel aber wegen des gekürzten Baumes oft etwas kleiner ist als das vordere Gaffelsegel. Es heißt, daß BARBA NEGRA für den Walfang in der Arktis gebaut wurde und die ersten vier Jahre ihrer Existenz diesem Geschäft nachging, ausgerüstet mit einer Harpunenkanone auf der Back.

Ab 1900 widmete sich das Schiff dem Geschäft des Fischtransportes von Nordnorwegen und den Lofoten zu den Küstenstädten im Süden. Erst 1956 wurde sie motorisiert. Sie blieb Jahrzehnte im Fischtransport, bis sie 1970 der deutsche Bootsbaumeister Albert Seidl und sein Partner, Gerhard Schwisow, erwarben. Sie bauten das Schiff zu einer malerischen Barkentine um, ausgerüstet für Walbeobachtung, Walforschung und Karibikcharter, nannten sie BARBA NEGRA und registrierten sie unter kanadischer Flagge. Bei einigen Filmproduktionen wirkte sie mit und diente einmal sogar Jaques Ives Cousteau auf einer seiner Forschungsreisen.

1974, als das Foto entstand, besuchte BARBA NEGRA England und nahm auf dem Solent an der Flottenparade teil, vorbei an der Königsyacht BRITANNIA. 1976 segelte sie von Bermuda in der Großsegler-Regatta anläßlich der amerikanischen 200-Jahr-Feier.

Ein paar Jahre später lag die Barkentine in Savannah, Georgia, und zeigte als Privatyacht die amerikanische Flagge, obwohl sie immer noch in Halifax registriert war. Sie diente als Zentrum marinen Umweltgedankens und als Kunstgalerie. Zur Operation Sail 1986 in New York war sie gemeldet, aber sie benötigte zuvor Instandsetzung. Doch diese wurde hinausgeschoben, weil Kapitän Seidl gerade als Bootsbauer für die amerikanische Marine beschäftigt war - die US-Navy benötigte dringend im Persischen Golf hölzerne Minensucher. So blieb BARBA NEGRA zunächst in Savannah festgemacht.

BARBA NEGRA fährt auf der Back eine nachträglich angebrachte Harpunenkanone, im Großmast ein Krähennest und darüber den Jolly Roger . . . Kapitän Seidl vervollständigt das Bild mit Vollbart und lebendigem Papagei auf der Schulter. Albert Seidl ist nicht nur Bootsbauer, sondern auch Marinemaler und nutzt BARBA NEGRA als schwimmendes Atelier.

Im Frühjahr 1992 bekam BARBA NEGRA innerhalb eines umfangreichen Restaurierungsprogrammes einen neuen Mast, um wieder unter Segel gehen zu können.

Schiffsname	BARBA NEGRA
Baujahr	1896
Konstrukteur	John Lekve
Bauwerft	John Lekve, Hemne, Norwegen
Eigentümer	Gerhard Schwisow und Albert Seidl, Savannah, Georgia, USA
Flaggenstaat	Kanada
Rigg	Barkentine
Bauart	Holz
Länge ü. a.	33,5 m
Rumpflänge	25,0 m
Länge CWL	24,1 m
Breite	7,0 m
Tiefgang	3,7 m
Tonnage	55 grt, 123 t TM
Segelfläche	604 qm
Maschine	230 PS Scania
Besatzung	8 Stammbesatzung + 10 Mitsegler (bei Charter)
Jahr der Fotografie	1974
Ort der Fotografie	Solent, England

BELEM

Die BELEM wurde 1896 für die Südatlantikfahrt zwischen Frankreich und Lateinamerika gebaut. Denis Crouan Fils & de Lagotellerie in Nantes waren ihre ersten Eigner. 1907 wurde sie an Demanges Frères verkauft, ebenfalls in Nantes. 1914, kurz vor Ausbruch des Ersten Weltkrieges, erwarb sie der Herzog von Westminster, um sie zur Luxusyacht umzubauen. Sie verbrachte die Kriegsjahre auf der Werft von Camper & Nicholsons in Gosport, wo sie ihre erste Maschine bekam.

Von 1919 bis 1921 unternahm sie Mittelmeerkreuzfahrten, bis sie an Lord A. E. Guinness, den Bierbrauer, verkauft wurde. Er nannte sie FANTOME II, nutzte sie viel und hielt sie bis zu seinem Tode nach dem Zweiten Weltkrieg in gutem Zustand. In den 20er Jahren segelte er mit ihr westwärts um die Welt, via Panama, Japan, Hongkong und Suez. Später unternahm FANTOME II Kreuzfahrten in die Arktis und nach Spitzbergen, und 1937 ging sie nach Montreal.

Während des Zweiten Weltkrieges wurde sie in Cowes aufgelegt. 1951 erwarb sie der italienische Graf von Cini, der sie GIORGIO CINI nannte, als Barkentine takeln ließ und der Cini Stiftung in Venedig als Schulschiff übergab. 1972 konnte die Stiftung die Unterhaltskosten nicht mehr aufbringen, und das Schiff wurde an die Carabinieri verkauft. Diese brachten sie in die Werft, um neue Motoren einbauen und sie wieder als Bark takeln zu lassen. Da die Umbaukosten nicht beglichen wurden, bot die Werft 1974 das Schiff zum Verkauf.

1979 wurde sie von der französischen Staatssparkasse, der Fédération Nationale des Caisses d'Epargne, erworben und bekam wieder ihren ursprünglichen Namen. Die BELEM sollte gegen Bemannung und Unterhalt der Marine als Segelschulschiff überlassen werden. Für einige Monate im Jahr sollte das Schiff den Eignern für Werbezwecke zur Verfügung stehen. Doch die französische Marine schleppte die BELEM von Venedig nach Brest, legte sie auf - und vergaß sie.

1980 rief die Sparkasse die Fondation Belem ins Leben, die das Schiff betreiben sollte. Man entschloß sich, sie nach Paris zu schleppen, um sie dort als Museumsschiff zu vertäuen. Glücklicherweise änderte man seine Meinung zugunsten einer aktiven Wiederindienststellung. 1981 wurde sie dennoch im Rahmen einer öffentlichen Ausstellung nach Paris geschleppt, jedoch waren die Umbauarbeiten schon im vollen Gange und wurden in Paris weitergeführt. Acht Vierbettkabinen und acht Zweibettkabinen wurden im Zwischendeck rund um die Traineemesse eingebaut.

1985 verließ die BELEM Paris, um in Le Havre und Caen vollendet zu werden. Die ersten Trimmfahrten fanden im selben Sommer statt. 1986 segelte sie zur 100-Jahr-Feier der Freiheitsstatue und zur Teilnahme an der Operation Sail nach New York. 1987 war das erste reguläre „Arbeitsjahr" der Dreimastbark.

Die BELEM, benannt nach dem brasilianischen Hafen den sie in der Kakaofahrt auch angelaufen hat, wird geführt von Jean Randier, Kapitän der Handelsschiffahrt, Mitglied der französischen Marineakademie und bekannter Autor zahlreicher Bücher zur Schiffahrtsgeschichte.

Schiffsname	BELEM, ex-GIORGIO CINI, ex-FANTOME II, ex-BELEM
Baujahr	1896
Konstrukteur	Chantiers Dubigeon
Bauwerft	Chantiers Dubigeon, Nantes, Frankreich
Eigentümer	Fondation Belem, Paris
Flaggenstaat	Frankreich
Rigg	Bark
Bauart	Stahl, aufgesetztes Holzdeck
Länge ü. a.	58,0 m
Rumpflänge	51,0 m
Länge CWL	48,0 m
Breite	8,8 m
Tiefgang	3,5 m
Tonnage	562 grt, 611 t TM
Segelfläche	1200 qm
Maschine	2 x 300 PS Fiat Iveco auf Doppelschrauben
Besatzung	16 Stammbesatzung + 48 Trainees
Jahr der Fotografie	1987
Ort der Fotografie	Cowes, England

BEL ESPOIR II

1944 wurde dieser Dreimastschoner mit Fockrah von der bekannten J. Ring Andersen Werft in Svendborg, Dänemark, gebaut. Der Auftraggeber A.E. Sørensen gab ihm den Namen NETTE S. Ausgerüstet mit einem 16-PS-Alpha-Diesel als Hilfsmotor, war die NETTE S. für die Ostsee- und Neufundlandfahrt bestimmt. Der Krieg ließ jedoch zunächst nur Fahrten in Küstengewässern, nahe ihrem Heimathafen Svendborg, zu. 1946 erhielt sie den Namen ANETTE S. Als A.E. Sørensen das Schiff seinem Sohn M.H. Sørensen überschrieb, nannte dieser sie PEDER MOST.

Ab 1950 fuhr sie unter diesem Namen in der Grönlandfischerei, und 1954 transportierte sie Vieh zwischen Kopenhagen und Hamburg - 200 Rinder pro Reise. Doch im Jahr darauf wurde sie vom British Outward Bound Trust erworben, PRINCE LOUIS II getauft, umgebaut und in Glasgow registriert. Der Herzog von Edinburgh übergab sie als Jugendschulschiff für jeweils 24 Trainees der Moray Sea School.

1968 wurde die PRINCE LOUIS II an die Gesellschaft „Les amis de Jeudi-Dimanche“ in Paris verkauft, einem sozialen Jugendwerk, das von dem unermüdlichen Jesuitenpater F. Michael Jaouen geleitet wurde. Neben dem Schoner, der in Le Havre registriert wurde und nun BEL ESPOIR II hieß, betreibt die Gesellschaft einen weiteren stählernen Dreimastschoner, die RARA AVIS. Die beiden Segler gehen jedoch nur selten gemeinsam auf Fahrt.

BEL ESPOIR II wurde umgebaut, so daß 30 Trainees an Bord untergebracht werden können. Sie wurde mit einem Rahtoppsegel ausgestattet, dessen Rollreffsystem wie bei der ARTEMIS (S. 32) von den französischen Marineschonern BELLE POULE (S. 50) und ETOILE kam.

BEL ESPOIR II und RARA AVIS werden prinzipiell zur Rehabilitation von straffälligen Jugendlichen und Drogenabhängigen genutzt, aber eine Kürzung der Mittel hat bewirkt, daß die Schoner nun uneingeschränkt Kojenplätze für Abenteuerreisen anbieten. Die Schiffe werden häufig vom Comités d'Entreprise gechartert, einer staatlich unterstützten Arbeitgeberstiftung zur sinnvollen Freizeitgestaltung.

BEL ESPOIR II wird stark beansprucht. Sie segelt das ganze Jahr hindurch ohne lange Werftaufenthalte oder Überholungsarbeiten im Hafen. Die Wintersaison verbringt sie meist in der Karibik mit Basis Martinique und Guadeloupe - wegen der günstigen Flugverbindungen nach Paris. Im Sommer segelt BEL ESPOIR II vor der französischen Westküste und taucht häufig auf den Großsegler-Treffen beiderseits des Atlantik auf, wie der Sail Amsterdam '85 und der New York Operation Sail '86. Selten mischt sie sich unter die Cutty Sark Tall Ships Races. Zu sehr klaffen die sehr gallischen und mediterranen Vorstellungen ihrer Schiffsführung mit denen der British Sail Training Association auseinander, die das Rennen organisiert und die Regeln festsetzt.

Schiffsname	BEL ESPOIR II, ex-PRINCE LOUIS II, ex-PEDER MOST, ex-ANETTE S., ex-NETTE S.
Baujahr	1944
Konstrukteur	J. Ring Andersen
Bauwerft	J. Ring Andersen, Svendborg, Dänemark
Eigentümer	Les Amis de Jeudi-Dimanche, Paris, Frankreich
Flaggenstaat	Frankreich
Rigg	Dreimast-Toppsegelschoner
Bauart	Holz
Länge ü. a.	37,2 m
Rumpflänge	29,3 m
Länge CWL	27,4 m
Breite	7,1 m
Tiefgang	2,6 m
Tonnage	99 grt, 71 nrt, 183 t TM
Segelfläche	545 qm
Maschine	1 x 288 PS Baudouin
Besatzung	6-8 Stammbesatzung + 30 Trainees
Jahr der Fotografie	1976
Ort der Fotografie	Themse bei London, England

BELLE BLONDE

Das Schiff wurde 1907 für die US Coast Guard (USCG) als Feuerschiff LV 88 aus genietetem Eisen gebaut. Die Kielplatten waren einen halben Zoll dick und die Holzdecks doppelt verlegt. Sie wurde zwar bei New York vom Stapel gelassen, aber ihre künftige Station lag an der Pazifikküste in der Mündung des Columbia in Oregon. Da ihre Dampfmaschine nur dafür ausgelegt war, ohne Schlepperhilfe ihre Station zu erreichen und der Kohlenbunker für die lange Seereise rund um Südamerika nicht ausreichte - der Panamakanal war noch nicht eröffnet -, wurde das Schiff für die Überführungsfahrt als Stagsegelschoner getakelt. Als LV 88 Oregon erreicht hatte, entfernte man das Rigg wieder.

Von gelegentlichen Dockaufenthalten abgesehen, blieb sie bis 1960 auf Station. Dann wurde sie durch ein moderneres Feuerschiff, Baujahr 1954, ersetzt und vom Columbia River Maritime Museum in Astoria, Oregon, erworben.

1980 ersetzte die USCG auch das neuere Feuerschiff durch eine automatische Leuchttonne. Da das 54er Feuerschiff das letzte war, das an der Westküste Dienst getan hatte, kaufte es das Museum an und verkaufte dafür 1981 die aus seiner Sicht weniger interessante LV 88 an einen Privatmann.

1982 erwarb sie der Kanadier Claude Lacerte als Ersatz für seinen Dreimast-Toppsegelschoner BELLE BLONDE, den er gerade verloren hatte. Er ließ das Feuerschiff zur Brigantine umrüsten und nannte es BELLE BLONDE. Ein zusätzliches Deck wurde eingezogen, das die erhöhte Back mit dem erhöhten Achterdeck verband, und beim Versaufloch wurden die Bordwände seitlich geschlossen. In dem Deckshaus zu Füßen des Großmastes befindet sich die Kapitänskajüte und in einem weiteren Deckshaus, das noch vor dem Fockmast steht, der Deckssalon. Der Fockmast steht sehr weit hinten. Die übrigen Unterbringungsmöglichkeiten sind auf dem Hauptdeck darunter und im Zwischendeck. Dort befinden sich auch große Vorratsräume mit eingebauten Kühlanlagen und an der Backbordseite die Kammern der Besatzung. Dahinter, im großen Maschinenraum, ist der Diesel untergebracht, der 1930 die alte Dampfmaschine abgelöst hat, und ganz hinten befindet sich eine umfangreiche Werkstatt. Das Schiff wurde von den kanadischen Behörden nur für 15 Passagiere und Crew zugelassen, so daß es überall viel Platz und Stauraum gibt. Auf Charterreisen belief sich die Besatzung normalerweise auf zwölf Mann.

Im Februar 1984 segelte BELLE BLONDE von Victoria in British Columbia in die Karibik, um an der Großsegler-Regatta über Bermuda und Halifax nach Quebec teilzunehmen. Im Herbst kehrte sie in die Karibik zurück, wo sie von St. Martin aus Charterreisen unternahm. Eine Zeitlang wurde sie als Ersatz für die OUR SVANEN (S. 148) von den kanadischen Streitkräften für Segelschulzwecke gechartert.

Im März 1988 wurde BELLE BLONDE an eine japanische Gesellschaft für Bauprojekte und Vermögensverwaltung verkauft, deren Präsident und Hauptaktionär Herr Tomoyuki Nishida war. Die Gesellschaft wollte BELLE BLONDE zusammen mit vier anderen aufgekauften Großseglern benutzen, um an Japans Küsten für Wohnungsbauprojekte, Sportanlagen und Marinas auf der Insel Kiushu zu werben.

BELLE BLONDE wurde in Santo Domingo überholt und von Claude Lacerte via Panama und Marquesas-Inseln nach Japan überführt. Im Juli 1988 erreichte er Kiushu und blieb bis Ende August an Bord, um die neue Crew einzuweisen. BELLE BLONDE ist nun in Japan registriert, doch sie hat ihren französischen Namen behalten.

Schiffsname	BELLE BLONDE, ex-LV 88
Baujahr	1907, umgebaut 1983
Bauwerft	New York Shipbuilding Co., Camden, New Jersey, USA
Eigentümer	Hokoku Kosan Kabushiki Kaisha, Tokio, Japan
Flaggenstaat	Japan
Rigg	Brigantine
Bauart	Eisen und Stahl, Holzdecks
Länge ü. a.	50,3 m
Rumpflänge	39,6 m
Länge CWL	34,4 m
Breite	9,1 m
Tiefgang	4,0 m
Tonnage	479 grt, 273 nrt, 650 td
Segelfläche	1394 qm
Maschine	1 x 350 PS Washington
Besatzung	12 Crew (+ 15 Passagiere unter kanadischer Flagge)
Jahr der Fotografie	1984
Ort der Fotografie	Bermuda

BELLE BLONDE

BELLE POULE

Die Schwesterschiffe BELLE POULE und ETOILE dienen als Schulschiffe der Marineschule von Lanvéoc-Poulmic bei Brest.

Der Name BELLE POULE (schönes Huhn) taucht in der französischen Marineliste bereits im 18. Jahrhundert auf. Die ersten drei BELLE POULEs waren Fregatten, der Schoner ist die vierte. Ihr Schwesterschiff ist seit 1622 die achte, die den Namen ETOILE (Stern) trägt.

Die beiden Schiffe wurden fast gleichzeitig auf der Chantier Naval de Normandie Werft in Fécamp gebaut. Die BELLE POULE lief im Januar 1932 vom Stapel, die ETOILE im Juli. Obwohl die Schoner zweckbestimmt für die Marine gebaut wurden, gleichen sie doch den berühmten Paimpol- oder Island-Schonern der Jahrhundertwende. Dutzende von ihnen gingen jedes Frühjahr in Paimpol und anderen bretonischen Häfen unter Segel, um den Sommer über vor Island und Grönland Kabeljau zu fischen. Eine charakteristische Eigenart der meisten dieser Schoner war ihr Rahtoppsegel mit Rollreff, das von Deck aus gesetzt, gerefft oder geborgen werden konnte - ein System, das 1875 von dem Engländer Dowman erfunden worden war.

Kombüse und Waschräume der Crew liegen im vorderen Deckshaus, der Eingang zur Kapitänskajüte, der Kartenraum und der Niedergang zum Maschinenraum im hinteren Deckshaus. Die Stammbesatzung ist traditionsgemäß im Vorschiff unter der Back untergebracht, weiter hinten wohnen die Trainees, dann folgen die Kammern der Wachoffiziere, der Maschinenraum und im Achterschiff die Kapitänskajüte, ein kleiner Salon und eine Reservekammer für Gäste, die gewöhnlich als Pantry benutzt wird.

Die Schulungsreisen sind meist kurz, fünf bis 14 Tage in französischen Gewässern, mit neuen Trainees auf jedem Törn. Fast immer segeln die Schoner gemeinsam, so daß die Crews Ansporn im Wettkampf finden. Gelegentlich werden Freundschaftsbesuche im Ausland gemacht, zum Beispiel 1976 in New York. Manchmal nehmen sie auch am Cutty Sark Tall Ships Race teil.

Auf kürzeren Törns leben 20 Trainees an Bord, auf längeren nur 15, weil ihr Zwischendeck ohnehin vollgestopft ist mit Kojen, Backskisten und Hängematten. Die Trainees sind Fähnriche von der Marineschule oder Reserveoffiziere, die einen Auffrischungslehrgang belegen. BELLE POULE ist das Flaggschiff. Ihr Schiffsführer, ein Kapitänleutnant, ist Kommodore. Seit 1989 wird ETOILE von einem Leutnant geführt, zuvor von einem Obermaat. Außer ihren Kommandanten besitzen die Schoner Stammbesatzungen von 15 Mann, Wachoffiziere und untere Dienstgrade, oft Wehrpflichtige, die im Zivilberuf Fischer oder Seeleute bei der Handelsschiffahrt sind.

Die beiden Schoner sind die ältesten Schiffe in der französischen Marineliste und sie sind die einzigen, die von denen übriggeblieben sind, die während des Zweiten Weltkrieges im Dienst waren. Damals lagen sie gemeinsam mit den Free French Forces in England. Deshalb setzen sie heute noch in jedem Hafen stolz die FFF-Flagge, die Trikolore mit dem Lorraine-Kreuz.

Schiffsname	BELLE POULE
Baujahr	1932
Bauwerft	Chantier Naval de Normandie, Fécamp, Frankreich
Eigentümer	Französische Marine
Flaggenstaat	Frankreich
Rigg	Toppsegelschoner
Bauart	Holz
Länge ü. a.	37,5 m
Rumpflänge	32,4 m
Länge CWL	25,3 m
Breite	7,2 m
Tiefgang	3,6 m
Tonnage	227 td
Segelfläche	718 qm
Maschine	1 x 300 PS Sulzer
Besatzung	16 Stammbesatzung + 15-20 Kadetten
Jahr der Fotografie	1982
Ort der Fotografie	Cowes, England

BLACK PEARL

Die sehr kleine, aber wohlproportionierte Brigantine wurde 1951 als Privatyacht von C. Lincoln Vaughn auf dessen eigener Werft für Kreuzfahrten entlang der amerikanischen Ostküste gebaut. 1959 wurde sie von Barclay H. Warburton III erworben, der später die American Sail Training Association (ASTA) gründete und ihr erster Präsident wurde. Bis 1966 nutzte er die BLACK PEARL zu Kreuzfahrten in die Bahamas, zu den Antillen und nach Neuschottland. 1964 segelte sie als einzige Privatyacht mit fünf Trainees im Feld der ersten New Yorker OpSail. Die Brigantine hat Unterbringungsmöglichkeiten für zehn Personen in einer Vierkojenkammer im Vorschiff, zwei Doppelkabinen und der Kapitänskajüte mit zwei Kojen.

1972 nahmen Barclay Warburtons BLACK PEARL und die Coast Guard-Bark EAGLE (S. 80) als erste amerikanische Segelschiffe am Cutty Sark Tall Ships Race teil. Es führte von Cowes in die Ostsee, und die Eindrücke dieser Reise bewegten Barclay Warburton zu der Gründung der American Sail Training Association nach britischem Vorbild. 1976 auf dem American Bicentennial Tall Ships Race über den Atlantik war es die ASTA, die die Organisation von Bermuda nach Boston über Newport und New York in die Hand nahm. BLACK PEARL nahm unter dem Kommando von Warburtons Sohn Barclay Warburton IV. daran teil.

Barclay Warburton III. starb 1983 und vermachte die Brigantine der ASTA. Zuvor mußte die ASTA noch ein Pfandrecht von 15.000 Dollar gegen BLACK PEARL ablösen und zusätzliche Mittel aufnehmen, um sie instand zu setzen. Leider ließen es auch die Bestimmungen der US Coast Guard nicht zu, mit mehr als sechs Trainees zu segeln, so daß die Unterhaltskosten nicht hätten eingefahren werden können. Deshalb bot die ASTA sie schließlich widerstrebend zum Verkauf.

Glücklicherweise blieb sie der Förderung junger segelbegeisterter Leute und alter Windjammer erhalten. Der Ship Trust of New York erwarb sie und gründete zur Erhaltung der BLACK PEARL eine Holdinggesellschaft. Die Brigantine Black Pearl Inc. wollte den Freiwilligen, die an der Wiederherstellung der WAVERTREE arbeiteten, ein Segelschulprogramm anbieten.

Die WAVERTREE war ein vollgetakelter Kap Hoorner, 1885 in Southampton, England, gebaut und nun vom South Street Seaport Museum in New York City wieder restauriert. Die freiwilligen Helfer hatten außer harter Arbeit und langen Arbeitszeiten nichts zu erwarten. So hatten sie sich die Möglichkeit, auf einem kleineren Rahsegler Segelerfahrung zu sammeln, reichlich verdient. Auch die ASTA durfte BLACK PEARL noch für Segelschulung nutzen - einen Monat im Jahr gegen die symbolische Charter von 1 Dollar.

Die Brigantine trägt insgesamt 10 Segel mit 185 Quadratmetern Fläche und der Großmast erreicht eine Höhe von 17 Metern über Deck.

Die Takelage dieses Seglers wurde so eingerichtet, daß gegebenenfalls auch nur zwei Mann dieses Schiff fahren können.

1985 wurde BLACK PEARL von Grund auf überholt. 1986 nahm sie an der New York OpSail teil, 1990 wurde ein einstündiger Dokumentarfilm von BLACK PEARL gedreht, eine Schumann-O'Brian Produktion, unterstützt von der National Maritime Historical Society.

Schiffsname	BLACK PEARL
Baujahr	1951
Konstrukteur	Edson Shock
Bauwerft	C. Lincoln Vaughn, Wickford, Rhode Island, USA
Eigentümer	Brigantine Black Pearl Inc., New York, USA
Flaggenstaat	USA
Rigg	Brigantine
Bauart	Holz
Länge ü. a.	21,2 m
Rumpflänge	18,0 m
Länge CWL	12,6 m
Breite	4,7 m
Tiefgang	2,5 m
Tonnage	27 grt, 41 t TM, 36 td
Segelfläche	185 qm
Maschine	1 x 165 PS Hercules
Besatzung	2 Nautiker + 4 Trainees
Jahr der Fotografie	1972
Ort der Fotografie	Kiel

TS
US 33

BLUE CLIPPER

BLUE CLIPPER lief 1990 vom Stapel, wurde im Mai 1991 vollendet und in Karlskrona registriert. Ihre Zweckbestimmung sind Luxuscharter, exclusive Veranstaltungen und Abenteuerkreuzfahrten. Sie ist nach den neuesten SOLAS-Bestimmungen ausgerüstet. Im Oktober 1991 nahm sie bei St. Tropez an der Nioulargue-Oldtimer-Regatta teil, auf der sie den dritten Platz errang und wo auch das Foto entstand. Anschließend setzte sie Segel Kurs Malaysia und Fernost für eine sechsmonatige Promotioncharter der Cognacfirma Hennessy. Möglicherweise soll sie einige Jahre in fernöstlichen Gewässern segeln, ehe sie nach Europa heimkehrt.

In der Rumpfkonstruktion mischen sich moderne und traditionelle Elemente wie Klipperbug, elegantes Yachtheck, langer Ballastkiel mit angeschnittenem Vorfuß und erhöhtem Poopdeck. Das Teakdeck wurde auf Stahl verlegt.

Die Takelage hingegen ist ein klassisches Schonerrigg, die Masten mit leichtem Fall nach achtern und mit gelaschten Toppstengen. Der Großmast ist höher als Fockmast und Besan. Der Besan steht weiter hinten als gewöhnlich, auf Höhe der Schraube, so daß der Besanbaum das Heck um zwei Fünftel seiner Länge überragt. Diese Masse an achterer Segelfläche wird durch ein entsprechend großes Vorsegeldreieck zwischen Fockstenge und dem langen Klüverbaum ausgeglichen.

Im vorderen Deckshaus, durch das der Fockmast hindurchgeht, ist nach alter Tradition die Kombüse untergebracht. Außerdem ist hier der geschützte Niedergang zur „Focksel". Das mittlere Deckshaus beginnt hinter dem Großmast und reicht bis kurz hinter die Stufe zum Poopdeck. Hier ist der Deckssalon untergebracht und der Niedergang zu den Passagierkabinen. Durch einen weiteren Niedergang auf dem Achterdeck hinter dem Deckshaus erreicht man die Offizierskammern und den Maschinenraum. Im achteren Deckshaus befinden sich der Kartenraum, die nautische Elektronik und der geschützte Steuerstand. Das Hauptruder steht draußen vor dem Kartenraum auf dem offenen Deck.

Im Vorschiff gleich hinter dem Kollisionsschott liegen die beiden Crewkammern mit je zwei Kojen, die Messe mit zwei Tischen und Backskisten, Toilette und Dusche. Ein weiteres wasserdichtes Schott trennt diesen Bereich von den Mittschiffsräumen. Hier sind die sechs Passagierkabinen mit je zwei Kojen und eine große Kabine über die volle Schiffsbreite mit Doppelbett untergebracht. Alle Kabinen haben eingebaute Duschen und Toiletten. Die Wohnräume im Achterschiff mit vier Einzelkammern und gemeinsamen Duschen und Toiletten sind den Offizieren vorbehalten.

Die Maschine ist im Heck eingebaut. Weil es für einen konventionellen Einbau hinter der Schraubenwelle keinen Platz gab, steht die Maschine über der Welle, mit der sie über ein Riemengetriebe verbunden ist. Der Dreiblattpropeller verleiht dem Schoner eine Geschwindigkeit von acht Knoten.

BLUE CLIPPERs Ausrüstung entspricht dem neuesten Stand der Technik: mit Air-Condition, Frischwasserbereiter, Inmarsat-C-Telex, SSB und UKW-Funk, Satellitennavigator, Decca, einer integrierten Navigationsanlage von Brook & Gatehouse, Autopilot, Radar, Echolot, Sprinkleranlage, zwei Seenotfunkbojen und vielem mehr.

Schiffsname	BLUE CLIPPER
Baujahr	1990
Konstrukteur	Per Fagerlund
Bauwerft	Marstrandsverken FEAB, Marstrand, Schweden
Eigentümer	Svenska Skonakompaniet, Torslanda, Schweden
Flaggenstaat	Schweden
Rigg	Dreimastschoner
Bauart	Stahl, aufgesetztes Teakdeck
Länge ü. a.	44,0 m
Rumpflänge	32,0 m
Länge CWL	27,0 m
Breite	7,4 m
Tiefgang	4,0 m
Tonnage	137 grt, 210 td
Segelfläche	675 qm
Maschine	1 x 315 PS Caterpillar
Besatzung	8 Crew + 14 Passagiere
Jahr der Fotografie	1991
Ort der Fotografie	St. Tropez, Frankreich

BLUENOSE II

BLUENOSE II ist die genaue Replik des legendären Renn-Fischereischoners von den Großen Bänken, BLUENOSE.

Die Fischer aus Neuschottland, Neufundland und Neuengland hatten für die Hochseefischerei auf den Schelfbänken vor ihren Küsten hervorragende Fahrzeuge entwickelt. Die Crews echter Salzbuckel beobachteten mit Erstaunen die ungeheuren Vermögen, die man für die Herausforderung des America's Cup hinauswarf und amüsierten sich über die filigranen Spielzeugboote, die für diese Rennen gebaut wurden. Als 1920 die Regatta um den America's Cup wegen einer Brise von guten 23 Knoten verschoben wurde, stiftete der Herausgeber einer Tageszeitung in Halifax die International Fisherman's Trophy (IFT) und einen erheblichen Geldbetrag für den Sieger eines Rennens zwischen echten amerikanischen und kanadischen Transportseglern.

Die ESPERANTO aus Gloucester, Massachusetts, gewann am 1. November 1920 zum ersten Mal die Trophäe vor der DELAWANA aus Lunenburg.

Obwohl nicht nur Nationalstolz, sondern auch viel Geld auf dem Spiel stand - wenn auch nichts verglichen mit dem America's Cup -, so bestanden die Crews doch aus echten Fischern, und die Schoner mußten im kommerziellen Fischfang tätig gewesen sein, um für den Wettkampf zugelassen zu werden.

BLUENOSE (blaue Nase - nach dem Spitznamen der Neuschotten, der vermutlich vom naßkalten Klima herrührt) wurde von William Roue gezeichnet und von dem unbezwingbaren Angus Walters geführt, bis sie schließlich ins Ausland verkauft wurde. Sie war jede Planke ein Lunenburg-Fischereischoner, nur ihre Masten ragten ein wenig höher, und der Kiel reichte etwas tiefer. Drei Wochen nach ihrem Stapellauf im März 1921 ging sie auf Jungfernreise in die Großen Bänke - und brachte den größten Fang der gesamten Flotte heim. Am 21. Oktober segelte sie gegen die Amerikanerin ELSIE und gewann die Trophäe. Trotz zahlreicher Herausforderungen von neueren Schiffen wurde sie nie wieder geschlagen und behielt den Preis. Selbst die großartige GERTRUDE L. THEBAUD war auf der letzten IFT-Regatta im Jahre 1938 nicht in der Lage, ihr die Trophäe zu entreißen. Dann kam der Krieg, und die unruhigen Zeiten machten den Fischereischonern, den Königinnen aller großen Gaffelschoner, sowie der IFT ein Ende. 1942 wurde BLUENOSE als Frachtsegler in die Karibik verkauft. Am 29. Januar 1946 ging sie auf einem Korallenriff bei Haiti verloren.

Die BLUENOSE II wurde von der Brauerei Oland & Son Ltd, Halifax, als exakte Kopie in Auftrag gegeben. Sie wurde bei derselben Werft auf Kiel gelegt wie das Original, und sogar einige der alten Bootsbauer wurden für den Nachbau engagiert. Am 23. Juli 1963 wurde sie vom Stapel gelassen. Wegen einiger moderner Hilfsmittel wie Hydraulikwinden für Anker, Fallen und Schoten sowie zwei Motoren benötigte sie zur Bedienung statt 29 nur noch 14 Mann.

Nach acht Jahren in der Charterfahrt wurde BLUENOSE II von der Regierung Neuschottlands für 1 Dollar gekauft und dient nun als Touristenattraktion in Halifax oder als Botschafterin Neuschottlands auf Reisen ins Ausland. Sie nahm an der Canadian Windjammer Rally 1974 teil, an den New York OpSails '76 und '86 und war in Quebec 1984 dabei. 1992 segelte sie anläßlich der 125-Jahr-Feier der Kanadischen Konföderation nach Toronto und nahm am 350. Jahrestag der Gründung Montreals teil.

Solange sie in Halifax ist, unternimmt sie täglich drei Zweistundentörns mit bis zu 80 Ausflüglern an Deck. Die Crew der BLUENOSE II besteht aus ihrem Kapitän Don Barr, drei Steuerleuten, einem Ingenieur, dem Koch und zwölf jungen Leuten als Deckscrew.

Schiffsname	BLUENOSE II
Baujahr	1963
Konstrukteur	William Roue
Bauwerft	Smith & Rhuland Ltd, Lunenburg, Neuschottland, Kanada
Eigentümer	Regierung der Provinz Neuschottland
Flaggenstaat	Kanada
Rigg	Gaffelschoner
Bauart	Holz
Länge ü. a.	48,9 m
Rumpflänge	43,6 m
Länge CWL	34,1 m
Breite	8,2 m
Tiefgang	4,8 m
Tonnage	191 grt, 96 nrt, 285 td
Segelfläche	1170 qm
Maschine	2 x 250 PS Caterpillar auf Doppelschrauben
Besatzung	18 Crew + 80 Deckspassagiere
Jahr der Fotografie	1982
Ort der Fotografie	Philadelphia, Pennsylvania, USA

BOUNTY

Die 1784 gebaute, originale BOUNTY aus Hull fuhr unter dem Namen BETHIA zunächst als Handelsschiff. Dann wurde sie von der britischen Admiralität aufgekauft, umbenannt und für eine Expeditionsreise unter dem Kommando William Blighs in die Südsee geschickt. Die berühmte Meuterei am 28. April 1789 durch ihren Ersten Steuermann Fletcher Christian inspirierte zu zahllosen Büchern und drei Spielfilmen. Die BOUNTY auf dem Foto ist ein äußerlich getreuer Nachbau für den dritten Film.

Das Rigg ist vollkommen authentisch, und unter Segeln muß das Schiff in der gleichen Weise gehandhabt werden wie die Segelschiffe im 18. Jahrhundert. Armaturen und Kontrollhebel der Maschine sind im Kompaßhaus verborgen. Der Rumpf ist eine Stahlkonstruktion, die über Wasser mit Holz verkleidet wurde.

Unter Deck erinnert nichts an vergangene Jahrhunderte. Seitliche Ballasttanks sollen das Schiff für Filmaufnahmen krängen oder tiefer eintauchen lassen, große Generatoren versorgen die Jupiterlampen, Umkleideräume, Garderoben, das Maskenstudio. Ein Filmlabor und nicht zuletzt zwei große Maschinen erinnern an den Zweck des Schiffes.

Als BOUNTY im Dezember 1978 in Whangarei, Neuseeland, für die David Lean Produktion vom Stapel lief, befand sich das Unternehmen in Schwierigkeiten. Die Baukosten hatten die Kalkulationen weit übertroffen. Abgesehen von Erprobungsfahrten und Segeltouren für Wohltätigkeitsveranstaltungen blieb sie vorläufig an ihrem Liegeplatz. Schließlich wurde sie von der Dino De Laurentiis Corporation erworben, und die Verfilmung wurde unter der Regie von Bernard William 1983 fortgesetzt - mit Mel Gibson als Fletcher Christian und Anthony Hopkins als Kapitän Bligh.

Zur Premiere segelte BOUNTY nach Los Angeles. Dort wurde sie aufgelegt und zum Verkauf angeboten. 1986 wurde sie an die Bounty Voyages Ltd, Sydney, verkauft und in England registriert. Zur Expo '86 segelte sie nach Vancouver, wo sie zum Charterschiff umgebaut wurde. Doch ihre erste Charter war gleich eine neue Verfilmung. Für eine Dokumentarserie über die Reisen Kapitän Cooks kehrte sie nach Tahiti zurück.

Dort wurde sie für die Teilnahme an den Feierlichkeiten zur australischen 200-Jahr-Feier gechartert und segelte über Australien nach England zum First Fleet Re-enactment. Am 13. Mai 1987 verließ die Flotte den Solent. Nach Zwischenstopps in Teneriffa, Rio, Kapstadt, Mauritius und Freemantle erreichte sie am „Australia Day", dem 26. Januar 1988, Sydney Harbour. Bis zum Juni 1988 segelte BOUNTY mit einem Teil der Flotte entlang den Küsten Australiens, dann ging sie auf Kreuzfahrt nach Neuseeland und in den Südpazifik. Am 3. April 1989 verließ sie Papeete, Tahiti, unter dem Kommando von Ron Bligh-Ware, einem Nachkommen des legendären Kapitän Bligh. Am 28. April, auf der Höhe von Tofua, Tonga, 200 Jahre nach der Meuterei und auf derselben Position, übergab Kapitän Bligh-Ware das Kommando symbolisch an seinen Steuermann Gerry Christian, einen Nachkommen Fletcher Christians.

Nach dieser Reise blieb BOUNTY in Sydney, wo sie von nun an Hafenrundfahrten unternahm. 1991 wurde sie auf einer Auktion von einem amerikanischen Syndikat erworben. Doch die Käufer gerieten in Zahlungsverzug, und am 6. Juli 1991 erhielt der Unternehmer Bruce Reid aus Sydney den Zuschlag. Nun segelt BOUNTY weiterhin Ausflüge im Hafen von Sydney.

Schiffsname	BOUNTY
Baujahr	1978-79
Bauwerft	Whangarei Engineering Co., Whangarei, Neuseeland
Eigentümer	Pitcairn Shipping Co. Ltd, Hong Kong (Subunternehmen der Minnamarras Enterprises Pty Ltd, Sydney)
Flaggenstaat	Großbritannien
Rigg	Vollschiff
Bauart	Stahl, holzverkleidet, aufgesetzte Holzdecks
Länge ü. a.	42,0 m
Rumpflänge	32,0 m
Länge CWL	24,5 m
Breite	7,6 m
Tiefgang	3,8 m
Tonnage	247 grt, 168 nrt, 205 t TM, 387 td
Segelfläche	697 qm
Maschine	2 x 415 PS Kelvin auf Doppelschrauben
Besatzung	13 Crew + 25 Chartergäste oder bis zu 75 Tagesgäste
Jahr der Fotografie	1987
Ort der Fotografie	Solent, England

CENTURION

CENTURION wurde 1983 als private Luxusyacht für einen britischen Gentleman gebaut und führt das „White Ensign“ des Royal Yacht Squadron. Sie ist für Weltreisen mit kleiner Crew und höchstem Komfort konstruiert. Historische Detailtreue hat dabei keine Rolle gespielt.

Sämtliche Segel sind mit Rollreff ausgerüstet und können manuell oder elektrisch von Deck aus bedient werden. Die Aluminiumrahen sind mit einer Reffrolle versehen, die die Segel wie ein Rollo verkürzt oder ganz einholt. Fock- und Großsegel laufen auf rollbaren Jackstagen an der Hinterkante der Masten. CENTURION besitzt vermutlich die höchstautomatisierte Segeleinrichtung, die bislang auf einer Yacht eingebaut wurde.

Die Galionsfigur stellt eine tahitianische Prinzessin dar. Sie wurde von Norman Gaches, dem Schiffsschnitzer der Isle of Wight, hergestellt.

Rumpf und Aufbauten bestehen aus Aluminium. Die Teakplanken des Glattdeckes sind aufgesetzt. Auf dem großzügigen offenen Achterdeck stehen zwei Sitzbänke mit Eßtisch und das Ruderrad. Das 33 Quadratmeter große Deckshaus dient als Salon, Kartenraum und Steuerhaus bei schlechtem Wetter. Von dort führt ein Niedergang zum großen Salon mit kardanisch aufgehängter Eßtafel, gemütlicher Kaffeecke und Bar. Nach vorne geht es in die Kombüse, nach hinten einige Stufen hinunter in die Bibliothek, zu der neben Bücherregalen und einem Computer ein Schlafsofa sowie Dusche und WC gehören. Die Gästekabine gegenüber der Bibliothek an Backbord besitzt ein Doppelbett, Dusche und WC, die weitläufige Eignerkabine im Achterschiff dahinter, mit Doppel- und Einzelbett, ein Badezimmer mit Badewanne und ein Bidet.

Die beiden Crewkammern vorn haben doppelstöckige Kojen, einen gemeinsamen Waschraum und eine eigene Messe gegenüber der Kombüse. Von dort aus gelangt man durch eine Tür in den Maschinenraum.

Nach dem Stapellauf war leider nicht alles eitel Freude und Sonnenschein. CENTURION schwamm 30 Zentimeter tiefer, als sie durfte, und war dennoch topplastig. Das Rigg hatte eine Tonne Übergewicht, abgesehen von anderen Konstruktionsfehlern. So wie sie war, wurde CENTURION nach Fort Lauderdale gesegelt, seetüchtig ausgerüstet und über den Atlantik nach Cowes gebracht. Hier wurde sie gründlich umgebaut, erhielt neue leichtere Masten und einen neuen Kiel mit tiefer gelegtem Ballastschwerpunkt.

Zu guter Letzt lief sie an der portugiesischen Küste auf Grund. Notdürftig repariert, segelte sie zurück nach Cowes, wo sie gründlich überholt wurde. An ihrer Inneneinrichtung wurden kleine Veränderungen vorgenommen und die nautische Ausrüstung noch einmal auf den neuesten technischen Stand gebracht. 1989 war der Umbau fertig, und heute kreuzt CENTURION unbeschwert im Mittelmeer.

Schiffsname	CENTURION
Baujahr	1983
Konstrukteur	MacLear & Harris, New York
Bauwerft	Palmer Johnson, Wisconsin, USA
Eigentümer	J. H. Millar
Flaggenstaat	Großbritannien - Bermuda
Rigg	Brigantine
Bauart	Aluminium, aufgesetztes Teakdeck
Länge ü. a.	33,5 m
Rumpflänge	27,4 m
Länge CWL	23,5 m
Breite	6,4 m
Tiefgang	3,5 m
Tonnage	109 td
Maschine	1 x 215 PS Caterpillar
Besatzung	4-6 Crew + 4-6 Eignergäste
Jahr der Fotografie	1989
Ort der Fotografie	Isle of Wight, England

CHARLES W. MORGAN

CHARLES W. MORGAN wurde in der Blütezeit des amerikanischen Walfanges auf Kiel gelegt, als über 700 neuenglische Walfänger den Pazifik, den Indischen Ozean und den Atlantik durchsegelten und ihren Eigentümern Vermögen einbrachten.

Getauft nach ihrem Haupteigner, war sie als Vollschiff getakelt. Erst 1867 wurde sie in eine Bark verwandelt, um Arbeitskräfte einzusparen. Aus demselben Grund wurden 1881 das Großtoppsegel und 1883 das Vortoppsegel unterteilt. So wurde ein Reffen überflüssig, die kleineren Segel wurden gleich ganz geborgen.

Von 1841 bis 1886 unternahm CHARLES W. MORGAN zehn Reisen von New Bedford in den Pazifik und je eine in den Südatlantik und den Indischen Ozean. Bereits Ende des 18. Jahrhunderts waren die Fischgründe vor Neuengland weitgehend erschöpft. Um Fahrtkosten zu sparen, mußten die Schiffe solange auf Fang bleiben, bis ihre Luken gefüllt waren - und das konnte Jahre dauern. 1886 ging die neuenglische Walfangindustrie zurück. Viele Walfänger waren während des Bürgerkrieges versenkt worden, Walprodukte wie Lampenöl wurden durch Petroleum ersetzt, und die Wale wurden seltener.

1886 verließ CHARLES W. MORGAN New Bedford, um neue Walgründe in der Beringstraße, der Beaufortsee und dem Ochotskischen Meer aufzusuchen. Wie viele andere Walfänger blieb sie nun zum Überwintern und zur Überholung in San Francisco. Erst 1904 kehrte sie nach New Bedford zurück und machte dann noch drei Reisen in den Südatlantik und den Indischen Ozean, bevor sie 1913 in Fairhaven aufgelegt wurde. 1916 wurde sie noch einmal für vier weitere Fahrten in Dienst gestellt. 1921 endete ihre Walfangzeit nach 80 Jahren und insgesamt 37 Fahrten.

Für verschiedene Filmproduktionen wurde sie 1922 wieder als Vollschiff getakelt. 1924 kaufte Oberst E.H.R. Green, der wohlhabende Enkel einer ihrer früheren Eigner, die CHARLES W. MORGAN und brachte sie als Museumsschiff nach New Bedford. Schließlich wurde sie 1941 dem Mystic Seaport Museum übereignet. Bis 1973 lag sie dort in einem Sandbett. Nach einer Grundüberholung ließ man sie dann wieder schwimmen. Ihre äußere Erscheinung von 1883 bis '85 ist durch Fotografien und Berichte exakt nachzuvollziehen. Deshalb zog man es vor, sie entsprechend dieser Zeit zu restaurieren, da aus ihren ersten Jahren nur sehr wenige Unterlagen vorhanden waren.

Nun ist sie wieder als Bark getakelt, mit doppelten Toppsegeln, dem Kombüsenhaus auf dem Vorschiff und dem typischen „Hurrikanhaus" auf dem Achterdeck. Dieses besteht aus zwei schmalen Deckshäusern längsschiffs an den Außenseiten des Hecks mit einem Deck dazwischen, das dem Rudergänger Wetterschutz gewährte. Typisch ist auch der gemauerte Ofen an Deck mit den Trankesseln, in denen der Walspeck ausgelassen wurde, die Flens-Stellage an der Steuerbordseite und die Halteringe für die Ausguckgasten oben in den Toppen.

Von 1980 bis '84 wurde die CHARLES W. MORGAN vollkommen wiederhergerichtet, und ihre nächste Zukunft scheint gesichert.

Schiffsname	CHARLES W. MORGAN
Baujahr	1841
Konstrukteur	J. & Z. Hillman
Bauwerft	Jethro & Zachariah Hillman, Fairhaven, Massachusetts, USA
Eigentümer	Mystic Seaport Museum Inc., Mystic, Connecticut, USA
Flaggenstaat	USA
Rigg	Bark
Bauart	Holz
Länge ü. a.	51,5 m
Rumpflänge	36,2 m
Länge CWL	32,2 m
Breite	8,4 m
Tiefgang	5,3 m
Tonnage	313 grt, 296 nrt
Segelfläche	798 qm
Besatzung	30, früher bis 38
Jahr der Fotografie	1990
Ort der Fotografie	Mystic Seaport, USA

CHARLOTTE RHODES

CHARLOTTE RHODES ist dank ihrer Hauptrolle in der britischen Fernsehserie „The Onedin-Line" vielen Menschen ein Begriff. Unter dem Namen CHRISTIAN lief sie 1904 für den dänischen Reeder Christian Mortensen vom Stapel. Sie soll der erste dänische Dreimastschoner gewesen sein, der von Anfang an mit Hilfsmaschine konstruiert worden war. Entsprechend fuhr sie weder Toppstengen noch Toppsegel. Bis in die späten 60er Jahre fuhr sie als META JAN Fracht unter dem Dannebrog. 1968 wurde sie endgültig zum Verkauf aufgelegt.

Jim „Mac" Mackreth, pensionierter britischer Flugkapitän, erwarb sie, ließ sie in Dartmouth, England, registrieren und nannte sie CHARLOTTE RHODES. Zusammen mit seiner Frau Monty investierte er Tausende von Arbeitsstunden und britischen Pfundnoten in ihre Restauration und takelte sie als Dreimast-Toppsegelschoner.

Unter Deck wurde sie belassen, wie sie war: vorn die traditionelle „Focksel" für die Crew mit wenig mehr als vier eingebauten Kojen, hinten, unter dem leicht erhöhten Achterdeck, die Räume des Kapitäns und dazwischen der Maschinenraum und die beiden großen Luken mit Lukenschacht und Lukendeckel für insgesamt 160 Tonnen Ladung. 30 Tonnen Ballst lagen unter den schweren Eichenbohlen der Unterräume, in denen nichts verändert wurde, bis man 1974 Holzbänke an den Außenseiten anbrachte.

CHARLOTTE RHODES wurde bis 1975 zeitweise von der BBC zur Verfilmung der Serie „The Onedin-Line" gechartert. Außerdem fuhr sie für Werbeveranstaltungen oder wurde von Holzschiff-Liebhabern gebucht. Doch weder die persönlichen Reserven des Eigners noch die Einnahmen aus den Vercharterungen reichten aus, um dem langsamen Verfall des Schiffes entgegenzuwirken.

1975 wurde CHARLOTTE RHODES von einer Computerfirma für eine Reklamereise rund um die Britischen Inseln gechartert. Dabei lief sie im August den Londoner Hafen zu einem Großsegler-Treffen an, segelte anschließend die Ostküste weiter hinauf und durch den Kaledonischen Kanal. Auf der Überfahrt nach Swansea wurde sie von einem heftigen Sturm überrascht. Eine Kielplanke arbeitete sich los, und die Laderäume liefen langsam voll. Im Sinken begriffen, wurde der Schoner nach Belfast eingeschleppt, wo ihn die Board of Trade für seeuntüchtig erklärte.

CHARLOTTE RHODES wurde aufgelegt und einige Monate später für 45.000 Pfund an den holländischen Geschäftsmann Tido Gedeonse verkauft. Er verholte sie nach Amsterdam, wo er nochmal die gleiche Summe für Anstrich und äußere Verschönerungen ausgab, ohne an der Substanz etwas zu verbessern. So wurde der Schoner für holländische Binnengewässser verchartert, bis die Behörden Einhalt geboten. Wieder wurde CHARLOTTE RHODES zum Verkauf angeboten, diesmal für umgerechnet 90.000 Pfund.

Inzwischen wurde sie wegen Unstimmigkeiten bezüglich ihrer Liegegebühren im Entrepot Dock in Amsterdam an die Kette gelegt. Dort goß in der Nacht zum 12. Oktober 1979 ein Unbekannter Benzin in den Laderaum und setzte die CHARLOTTE RHODES in Brand. Innerhalb weniger Stunden brannte sie bis zur Wasserlinie aus. Trotz eines bestimmten Verdachtes waren der Polizei aus Mangel an Beweisen die Hände gebunden.

Schiffsname	CHARLOTTE RHODES, ex-META JAN, ex-CHRISTIAN
Baujahr	1904
Bauwerft	F. Hoffman, Fjelleborn, Fünen, Dänemark
Eigentümer	Stichting Charlotte Rhodes, Niederlande
Flaggenstaat	Niederlande
Rigg	Dreimast-Toppsegelschoner
Bauart	Holz
Länge ü. a.	38,1 m
Rumpflänge	26,9 m
Breite	6,6 m
Tiefgang	2,3 m
Tonnage	102 grt, 5 nrt, 160 tdw
Segelfläche	344 qm
Maschine	1 x 210 PS Rolls Royce
Besatzung	5 Stammbesatzung + 18 Mitsegler
Jahr der Fotografie	1971
Ort der Fotografie	Cowes, England

CHRISTIAN RADICH

Norwegen war schon immer eine große Seefahrernation, und als die altgewordene Brigg der Osloer Schulschiffgesellschaft STATSRAAD ERICHSEN ausgedient hatte, wurde in Sandefjord sofort ein neues stählernes Vollschiff in Auftrag gegeben. Die Kosten bestritt ein Herr Christian Radich. 1937 lief das Schiff, das nach seinem Gönner benannt wurde, vom Stapel.

1938 segelte CHRISTIAN RADICH zur Weltausstellung nach New York. Zurück in Norwegen, wurde sie 1939 der Marine unterstellt. Im Krieg wurde sie von den Deutschen beschlagnahmt, zuerst als U-Boot-Depot verwendet und 1943 nach Deutschland gebracht. Dort fand man sie 1945 in Flensburg gekentert und entmastet wieder. Sie wurde flottgemacht und nach Norwegen in dieselbe Werft geschleppt, die sie gebaut hatte.

1947 nahm sie ihren Dienst als Schulschiff wieder auf. 1956 bis '57 ging sie auf eine lange Atlantikreise, auf der der Cinerama-Film „Windjammer" gedreht wurde. Der 34jährige Schauspieler Lasse Kolstadt, der Darsteller des shantysingenden Bootmannes in dem Film, verliebte sich während der Dreharbeiten in das Schiff. Als Anfang der 70er Jahre ihre Außerdienststellung und Verschrottung erwogen wurde, wurde Kolstadt Kopf der Gesellschaft zur Rettung der CHRISTIAN RADICH. Heute ist er ihr Vorsitzender.

In den 70er Jahren spielte CHRISTIAN RADICH ebenso wie CHARLOTTE RHODES in der Serie „The Onedin-Line" mit. 1976 nahm sie an der Großsegler-Regatta über den Atlantik teil. Ihr Kapitän, Kjell Thoresen, heiratete, während sie in New York lag. 1978 segelte sie nach Westindien und an die Ost- und Westküste der Vereinigten Staaten. 1980 kehrte sie nach Norwegen zurück.

Bis 1983 wurde sie grundüberholt und modernisiert, unter anderem wurden anstatt der Hängematten feste Kojen eingebaut. 1984 nahm sie an der Großsegler-Parade in Quebec teil. 1986 segelte sie zur New York OpSail, und Kapitän Thoresen und seine Frau, die ihn begleitet hatte, konnten ihren zehnten Hochzeitstag dort feiern, wo sie geheiratet hatten.

Das weitere Schicksal der CHRISTIAN RADICH wurde erneut in Frage gestellt, als der Bedarf an jungen Handelsschiffskapitänen zurückging. Um einen Teil ihrer Unterhaltskosten selbst zu erwirtschaften, segelte sie über Weihnachten 1987 Wochentörns mit Passagieren in die Kanarischen Inseln. Desgleichen unternahm sie in den folgenden Wintern bis 1990 mit jeweils 70 norwegischen Schülern Dreimonatsreisen ins Mittelmeer.

Ihr normales Schulschiffsprogramm für 88 junge Frauen und Männer, die Seefahrtsberufe ergreifen wollen, beginnt im August und läuft bis zum folgenden Juni. 1992 nahm die CHRISTIAN RADICH an der Kolumbus-Regatta teil, die zum 500. Jubiläum der Entdeckung Amerikas über den Atlantik ausgetragen wurde.

Schiffsname	CHRISTIAN RADICH
Baujahr	1937
Konstrukteur	Christian Blom
Bauwerft	Framnæs Mek. Verksted A/S, Sandefjord, Norwegen
Eigentümer	Østlandets Skoleskip, Oslo, Norwegen
Flaggenstaat	Norwegen
Rigg	Vollschiff
Bauart	Stahl, aufgesetztes Teakdeck
Länge ü. a.	72,5 m
Rumpflänge	62,5 m
Länge CWL	53,3 m
Breite	9,8 m
Tiefgang	4,5 m
Tonnage	696 grt, 207 nrt, 773 t TM
Segelfläche	1234 qm
Maschine	1 x 450 PS General Motors
Besatzung	16 Stammbesatzung + 88 Kadetten
Jahr der Fotografie	1976
Ort der Fotografie	Plymouth, England

CHRISTIAN RADICH

USS CONSTITUTION

Da die amerikanische Schiffahrt sehr unter nordafrikanischen Piraten zu leiden hatten, verabschiedete der Kongreß 1794 ein Gesetz, das die Federal Navy of the United States of America ins Leben rief und die Mittel für sechs Fregatten bewilligte, drei davon mit 44 und drei mit 36 Kanonen.

CONSTITUTION war die erste Fregatte mit 44 Geschützen, die auf Kiel gelegt wurde. Ebenso wie ihre Schwesterschiffe sollte sie jeder europäischen Fregatte an Feuerkraft überlegen und in der Lage sein, den größeren und stärkeren Linienschiffen davonzusegeln. Die amerikanischen 44er-Fregatten waren die größten Fregatten ihrer Zeit. Wo das obere Geschützdeck der europäischen Fregatten nach oben offen war, schlossen es die Amerikaner mit einem leichten Schutzdeck, das Back und erhöhtes Achterschiff miteinander verband. Es erleichterte Enteraktionen und Segelbedienung und trennte beides von der Geschützbedienung.

Als Algier 1795 um Frieden bat, wurde der Fregattenbau eingestellt, 1797 aber wegen französischer Freibeuter in der Karibik wieder aufgenommen. Die CONSTITUTION kaperte bis 1801 mehrere französische Piratenschiffe. 1803 segelte sie als Flaggschiff eines Geschwaders aus einer weiteren Fregatte, zwei Briggs und drei Schonern ins Mittelmeer, wo die Korsaren, besonders von Tripolis aus, wieder für Unruhe sorgten. Von diesem Einsatz kehrte sie 1807 zurück.

Die Beziehungen der USA zu England sanken auf den Nullpunkt, da Schiffe der Royal Navy wiederholt amerikanische Schiffe abfingen. Diese durchsuchten sie nach britischen Seeleuten, um sie zum Marinedienst zu pressen, und machten dabei auch vor amerikanischen Matrosen nicht halt. Die amerikanische Öffentlichkeit verlangte nach „free trade and sailors' rights“, und am 18. Juni 1812 erklärte der Kongreß den Krieg. Die CONSTITUTION tat sich in diesem Krieg durch die Kaperung der 38er Fregatten HMS GUERRIERE und HMS JAVA und durch den Sieg über die 32er Fregatte HMS CYANE und die 20-Kanonen-Schaluppe HMS LEVANT hervor, mit denen sie gleichzeitig ins Gefecht ging. Als man sah, wie bei dem Gefecht mit GUERRIERE eine Kanonenkugel von ihrem Rupf abprallte, bekam CONSTITUTION den Spitznamen „Old Ironsides“.

1830 verdankte sie Oliver Wendell Holmes gefühlvollem Gedicht „Old Ironsides“, daß sie von der Abwrackwerft verschont blieb. Bis 1855 tat sie aktiv Dienst, anschließend wurde sie Schulschiff und segelte bis 1881.

1907 wurde sie als Denkmal überholt und in den späten 20er Jahren noch einmal restauriert. 1931 bis '34 unternahm sie im Schleppverband eine große Rundreise zu 90 US-Häfen der Ost-, Golf- und Westküste und wurde von genau 4.614.792 Menschen besichtigt. Seit damals liegt sie als Museumsschiff und seit 1941 auch als Flaggschiff des First Naval District in Boston. 1973 bis '76 wurde sie einer Grundüberholung unterzogen, und in ihrem derzeitigen Zustand könnte sie jederzeit wieder unter Segel gehen. Ein 1976 gepflanzter Eichenhain sichert auch ihre nächste Generalüberholung im Jahre 2018.

Schiffsname	CONSTITUTION
Baujahr	1797
Konstrukteur	Joshua Humphreys, Josiah Fox und William Doughty
Bauwerft	Edmund Hart Yard, Boston, Massachusetts, USA
Eigentümer	US Navy
Flaggenstaat	USA
Rigg	Vollschiff
Bauart	Holz
Länge ü. a.	93,0 m
Rumpflänge	62,2 m
Länge CWL	53,3 m
Breite	13,3 m
Tiefgang	7,0 m
Tonnage	2200 td
Segelfläche	3969 qm
Maschine	keine
Besatzung	450 im Kriege 1812
Bewaffnung	Hauptbatterie: 30 12-Pfünder Langgeschütze, obere Batterie: 22 32-Pfünder Karronaden + 2 18-Pfünder Geschütze
Jahr der Fotografie	1990
Ort der Fotografie	Boston, USA

USS CONSTITUTION

CREOLE

Die herrliche CREOLE gehört zu den letzten großen Oldtimeryachten. Für Alex Smith Cochrane bei Camper & Nicholsons entworfen und gebaut, wurde sie noch vor Fertigstellung an Major Maurice Pope und Sir Connop Guthrie weiterverkauft. Ihr Kompositrumpf mit 10 Zentimeter dicken Teakplanken auf Stahlspanten ist unter der Wasserlinie kupferbeschlagen.

Im Zweiten Weltkrieg wurde CREOLE als Marinehilfsfahrzeug requiriert, entmastet und als Minensuchboot für die schottische Küste entmagnetisiert. Nach Kriegsende wurde sie in sehr heruntergekommenem Zustand zu Camper & Nicholsons nach Southampton zurückgebracht. Hier blieb sie aufgelegt, bis sich der griechische Reeder Stavros Niarchos ihrer annahm und sie als Yacht wiederherrichten ließ. Er registrierte sie auf Bermuda und verlieh sie 1956 an eine britische Crew, die im ersten Tall Ships Race von Torbay nach Lissabon den zweiten Platz machte. Niarchos lebte häufig längere Zeit auf der CREOLE und führte auch seine umfangreichen Geschäfte von Bord aus.

Nach dem tragischen Tode seiner Frau verlor Niarchos das Interesse an der Yacht und legte sie in Piräus auf. 1978 wurde sie von der dänischen Firma Thomas Brockelbank erworben, die der Seefahrtschule Nyborg angehört. Dies ist eine Kooperative von 15 Privatschulen mit über 400 Lehrern, die gemeinsam eine Anzahl Großsegler unterhalten. Für kurze Zeit nach der Übernahme wurde CREOLE in MISTRAL umgetauft, hieß aber unter denselben Eignern bald wieder CREOLE. Nach einer oberflächlichen Überholung in Piräus wurde sie vom 17. August bis zum 13. September nach Nyborg verholt. Dem Umbau zum Schulschiff fiel dort die elegante Yachteinrichtung zum Opfer. Am 4. Juli 1979 setzte die CREOLE Segel zur ersten Ausbildungsreise nach Spanien, Westafrika und in die Karibik. Die zweite Reise führte 1980 von Malaga nach Santo Domingo und Boston, wo sie an der Großsegler-Regatta nach Kristiansand in Norwegen und von Frederikshavn in Dänemark nach Amsterdam teilnahm. Sie hatte eine Stammbesatzung von zwölf Personen inklusive der Lehrer und 38 Trainees, von denen die Hälfte ihren Kojenplatz aus eigener Tasche bezahlte, während die andere Hälfte, die sich aus schwererziehbaren Jugendlichen zusammensetzte, vom Land unterstützt wurde.

Im September 1983 war die alte Yacht nach einer langen Serie von Pannen und Unfällen unter der Nyborger Führung vollkommen heruntergefahren und wurde an eine panamesische Gesellschaft des italienischen Modedesigners Maurizio Gucci verkauft. Einen engagierten Eigner wie diesen hatte sie bitter nötig.

Nach provisorischer Überholung in Nyborg wurde sie nach Monte Carlo überführt, wo sie nach 21 Tagen hätte eintreffen sollen. Infolge schlechten Wetters und technischer Probleme erreichte sie Monte Carlo erst nach 47 Tagen. Von dort segelte sie nach La Spezia in Italien, wo ihr eine zwei Millionen Pfund teure Grundüberholung zuteil wurde, aus der sie erneut als Luxusyacht hervorging.

Das Foto entstand 1991 während der Nioulargue in St. Tropez. Normalerweise liegt CREOLE jetzt im Club de Mar in Palma de Mallorca. 1994 sah man den Schoner wieder bei der Nioulargue vor St. Tropez.

Schiffsname	CREOLE, ex-MISTRAL, ex-CREOLE
Baujahr	1927
Konstrukteur	Camper & Nicholsons
Bauwerft	Camper & Nicholsons, Southampton, England
Eigentümer	Maurizio Gucci, Italien
Flaggenstaat	Großbritannien - Bahamas
Rigg	Dreimast-Stagsegelschoner
Bauart	Komposit
Länge ü. a.	65,3 m
Rumpflänge	57,8 m
Länge CWL	50,8 m
Breite	9,4 m
Tiefgang	5,0 m
Tonnage	434 grt, 272 nrt, 697 td
Segelfläche	2040 qm
Maschine	2 x 1250 PS auf Doppelschrauben
Besatzung	25 Crew + 10 Eignergäste
Jahr der Fotografie	1991
Ort der Fotografie	St. Tropez, Frankreich

CUTTY SARK

Die CUTTY SARK ist der einzig erhaltene und restaurierte Klipper aus der Blütezeit der Segelschiffahrt. 1869 wurde sie für den Kapitän und Reeder Jock „White Hat" Willis aus London gebaut. Dieser hatte den jungen Konstrukteur Hercules Linton beauftragt, einen Klipper zu entwerfen. Er sollte in der Lage sein, THERMOPYLAE, den schnellsten Klipper in der Chinafahrt, auszusegeln. Damals wurden höchste Prämien für den schnellsten Klipper bezahlt, der die erste neue Tee-Ernte aus China brachte. Obwohl diese Prämien inzwischen ausgesetzt worden waren, lebte der Geist der großen Rennen fort, und weiterhin standen hohe Wetten auf dem Spiel.

Auf ihrer ersten Reise 1870 war CUTTY SARK „first ship home" und auf der nächsten Reise zweite, allerdings war die THERMOPYLAE in diesen Jahren gar nicht im Rennen. Erst 1872 liefen die beiden gegeneinander, jedoch verlor CUTTY SARK ihr Ruder und brauchte zehn Tage, um ein Notruder zu installieren. Dennoch war sie nur sieben Tage nach ihrer Rivalin im Ziel. Im Jahr darauf schlug THERMOPYLAE die CUTTY SARK in fairem Rennen, allerdings war der derzeitige Kapitän der CUTTY SARK kein Regattasegler.

1875 bis '76 machte CUTTY SARK ihre letzte Teereise. Im Jahr ihres Stapellaufes war der Suezkanal eröffnet worden und ermöglichte den Teehandel für Dampfschiffe. Die Klipper konnten aufgrund der vorherrschenden Winde den Kanal nicht nutzen. Sie mußten weiterhin den langen Weg um das Kap der Guten Hoffnung nehmen und wurden für den Teehandel unwirtschaftlich.

Bis 1883 fuhr die CUTTY SARK Trampfahrt im Indischen Ozean und Fernost. Dann segelte sie für den australischen Wollhandel, das letzte Refugium der echten Klipper - ein Geschäft, das die Umsegelung des Kaps der Guten Hoffnung, des Kap Leeuwin und des Kap Hoorn sowie etliche Seemeilen in den „brüllenden Vierzigern" bedeutete. Dafür wurde CUTTY SARKs Rigg verkleinert, das Skysegel entfernt und die Masten gekürzt. Das verbesserte ihre Segeleigenschaften so sehr, daß sie für THERMOPYLAE zur härtesten Rivalin wurde, besonders ab 1884 unter ihrem besten Kapitän, Richard Woodget.

1895 wurde CUTTY SARK an J. A. Ferreira aus Lissabon verkauft, der sie FERREIRA nannte und sie im portugiesischen Kolonialhandel beschäftigte. Nach einer Entmastung 1916 in einem Orkan wurde sie als Barkentine wieder aufgetakelt. 1920 erwarb sie die Companha Nacional de Navegaçao, die sie in MARIA DO AMPARO umbenannten. Sie trug diesen Namen, als Kapitän Wilfred Dowman in ihr die alte CUTTY SARK wiedererkannte. Er brachte sie 1922 zurück in britischen Besitz und verwandelte sie in ein stationäres Schulschiff. Nach seinem Tode 1938 übernahm sie das Thames Nautical College zur selben Verwendung.

1951 ging sie an die Cutty Sark Society. 1954 verholte man sie in das Trockendock, das eigens für sie angefertigt worden war und wo sie heute noch zu besichtigen ist. Sie wurde in dem Zustand wiederaufgebaut, in dem sie sich zu ihren Teeklipperzeiten befand. Am 25. Juni 1957 wurde sie von Königin Elizabeth II. feierlich dem Publikum zugänglich gemacht. Im Zwischendeck befindet sich eine Ausstellung über ihre Geschichte und den Teehandel, und im Unterraum ist die schönste Galionsfiguren-Sammlung der Welt zu besichtigen. CUTTY SARK gehört zu Londons größten Touristenattraktionen.

Schiffsname	CUTTY SARK, ex-MARIA DO AMPARO, ex-FERREIRA, ex-CUTTY SARK
Baujahr	1869
Konstrukteur	Hercules Linton
Bauwerft	Scott & Linton at Dumbarton, fertiggestellt bei William Denny & Bros., Leven, Schottland
Eigentümer	Cutty Sark Society, Greenwich, London, England
Flaggenstaat	Großbritannien
Rigg	Vollschiff
Bauart	Komposit, Teakdeck
Länge ü. a.	85,3 m
Rumpflänge	68,3 m
Länge CWL	64,8 m
Breite	11,0 m
Tiefgang	6,1 m
Tonnage	963 grt, 921 nrt, 2100 td
Segelfläche	3047 qm
Maschine	keine
Besatzung	19 bis 28, durchschnittlich 24
Jahr der Fotografie	1981
Ort der Fotografie	Greenwich, England

DANMARK

Nach dem tragischen Verschwinden der Fünfmastbark KOPENHAGEN und aller 75 Menschen an Bord um Neujahr 1929 irgendwo zwischen Argentinien und Australien und dem Verkauf der Viermastbark VIKING an den Reeder Gustav Erikson, übernahm der dänische Staat das zivile Schulschiffwesen. Ein Neubau wurde in Auftrag gegeben, der den Namen DANMARK erhalten sollte. Am 19. November 1932 lief das Schiff vom Stapel und wurde im Juni 1933 in Dienst gestellt.

DANMARK tat als Schulsschiff Dienst bis 1939. Sie war gerade zur Weltausstellung nach New York gesegelt, als sie vom Ausbruch des Krieges überrascht wurde. Von der Heimat aus wurde sie angewiesen, nicht nach Europa zurückzukehren, und so wurde sie in Jacksonville, Florida, aufgelegt. Als die Vereinigten Staaten 1941 in den Krieg eintraten, wurde sie der US-Küstenwache als Schulschiff zur Verfügung gestellt. Mehr als 5000 Kadetten wurden auf ihr ausgebildet. Die Erfahrungen mit dem Segelschiff waren so positiv, daß die Coast Guard nach Kriegsende die Segelschiffsausbildung ihres Nachwuchses auf dem erbeuteten deutschen Segelschulschiff HORST WESSEL fortsetzte, das sie in EAGLE (S. 80) umbenannte.

Die DANMARK kehrte am 13. November 1945 nach Dänemark zurück und nahm den regulären Schulschiffdienst im folgenden Jahr wieder auf. Bis 1990 fuhr sie regelmäßig zwei Ausbildungsreisen von je fünf Monaten pro Jahr, eine für Marinekadetten, die andere zur seemännischen Grundausbildung von Handelsschiffsnachwuchs. Die erste Reise ging von La Spezia in Italien zu den Kanarischen Inseln und gelegentlich über die Karibik zur Ostküste der Vereinigten Staaten, wo sie stets herzlich von der Küstenwache willkommen geheißen wurde. Anschließend ging es zurück nach Dänemark, wo sie anschließend überholt wurde. Die zweite Reise führte im August von Kopenhagen über verschiedene Häfen zu den Kanarischen Inseln und zuletzt nach La Spezia, wo um die Weihnachtszeit ein Crewwechsel stattfand. Zwei Kapitäne und zwei Stammbesatzungen teilten sich den Dienst auf der DANMARK. Seit 1983 fahren unter DANMARKs Trainees auch junge Frauen auf Weltreise.

Um an den Großsegler-Regatten oder -Paraden teilnehmen zu können, wurden die Reisepläne gelegentlich geändert. DANMARK war regelmäßig auf Transatlantik-Rennen dabei und nahm auch 1992 an der Kolumbus-Regatta teil.

1990 wurde das Vollschiff zu einem Drittel grundüberholt. Der Rumpf wurde gesandstrahlt und die Konservierung völlig neu aufgebaut. Der Besan wurde überholt, Fock und Großmast erhielten neue Wanten und die Elektrik zwei neue Generatoren. Doch die Trainees schlafen auch in Zukunft in Hängematten.

Das Ausbildungsprogramm wurde eingeschränkt. Weil der Ausbildungsvertrag mit der Reederei A. P. Møller, die die Segelschiffsausbildung ihres Offiziersnachwuchses aufgegeben hat, nicht verlängert wurde, wird jetzt nur noch eine Ausbildungsreise pro Jahr durchgeführt, zur Vermittlung der Grundlagen der Seemannschaft. Das bedeutet, daß die DANMARK nur noch eine feste Stammbesatzung fährt.

Schiffsname	DANMARK
Baujahr	1932
Konstrukteur	Aage Larsen, Dänemark
Bauwerft	Nakskov Shipyard, Lolland, Dänemark
Eigentümer	Direktoratet for Søfartsuddannelsen, Kopenhagen, Dänemark
Flaggenstaat	Dänemark
Rigg	Vollschiff
Bauart	Stahl, Teakdeck
Länge ü. a.	77,0 m
Rumpflänge	64,7 m
Länge CWL	54,5 m
Breite	10,0 m
Tiefgang	4,5 m
Tonnage	790 grt, 216 nrt, 845 t TM, 150 tdw
Segelfläche	1636 qm
Maschine	1 x 486 PS Frichs
Besatzung	19 Stammbesatzung + 80 Kadetten
Jahr der Fotografie	1972
Ort der Fotografie	Kiel

DAR MLODZIEZY

DAR MLODZIEZY bedeutet „Geschenk der Jugend". Das Schiff erhielt diesen Namen, weil ihr Bau zum größten Teil aus Spenden der polnischen Jugend finanziert wurde. Sie wurde als Ersatz für die betagte DAR POMORZA (S. 78) gebaut. Auf DAR MLODZIEZY werden bis zu 150 Studenten der Seefahrtschule Gdingen ausgebildet. Außerdem steht sie den Studenten der Stettiner Seefahrtschule zur Verfügung. Doch auch ausländische Trainees, die für ihre Ausbildung selbst bezahlen, werden aufgenommen, um das schmale Budget aufzubessern.

Der Schiffskonstrukteur Zygmunt Choren zeichnete das Vollschiff. Beraten wurde er von Kapitän Kazimierz Jurkiewicz, dem früheren Schiffsführer der DAR POMORZA. Die DAR MLODZIEZY ist etwas größer als ihre Vorgängerin. Ihre Masten bestehen aus durchgehenden Rohren. Über den Bramsalingen sind zusätzliche Salinge angebracht, um den Zugang zu den Rahen zu erleichtern. Die Rahen sind nicht wegfierbar und brauchen beim Segelsetzen nicht aufgeheißt zu werden. Unter dem oberen durchgehenden Wetterdeck liegen die Wohnräume. Es gibt keine offenen Hängemattendecks mehr. Die Kadetten schlafen in Schlafsälen mit je 25 Doppeldeckerkojen, so daß bei Wachwechsel die Freiwache nicht mehr gestört wird. Zweckmäßig eingerichtete Unterrichtsräume und Messen liegen daneben. Die geräumige Offiziersmesse und Salon mit viereckigen Fenstern liegt im Heck und erinnert an die Kapitänskajüte alter Linienschiffe. Im übrigen entspricht der Stil der Einrichtung und Ausrüstung einem modernen Handelsschiff.

DAR MLODZIEZY ist das erste Schiff ihrer Klasse. Fünf Schwesterschiffe wurden von 1987 bis 1990 auf der Danziger Werft für die ehemalige Sowjetunion gebaut: MIR, DRUZHBA, PALLADA, KHERSONES und NADEZHDA.

DAR MLODZIEZY lief am 4. März 1981 seitwärts vom Stapel und wurde am 4. Juli 1982 in Dienst gestellt. Auf ihrer Jungfernfahrt nahm sie am Großsegler-Rennen teil. Mit großer Regelmäßigkeit ist sie auf Regatten und Großsegler-Treffen zu finden. 1983 segelte sie nach Japan zum Seglertreffen in Osaka, 1984 nahm sie an der Transatlantik-Regatta für Großsegler von St. Malo über Bermuda, Halifax, Quebec, Sydney und zurück nach Liverpool teil. 1987 bis '88 segelte sie anläßlich der 200-Jahr-Feier zum Tall Ships Race nach Australien und nahm auf der Heimreise den Weg um Kap Hoorn. 1989 war war sie in London, Rouen und Hamburg dabei. 1990 verdiente sie bitter nötige Devisen mit Kreuzfahrten ins Mittelmeer von Marseille aus. 1992 nahm sie an der Kolumbus-Regatta teil, wieder mit einigen devisenbringenden Trainees aus dem westlichen Ausland.

Schiffsname	DAR MLODZIEZY
Baujahr	1981
Konstrukteur	Zygmunt Choren
Bauwerft	Leninwerft, Danzig, Polen
Eigentümer	Seefahrtschule Gdingen, Polen
Flaggenstaat	Polen
Rigg	Vollschiff
Bauart	Stahl, aufgesetztes Holzdeck
Länge ü. a.	108,8 m
Rumpflänge	94,8 m
Länge CWL	79,2 m
Breite	14,0 m
Tiefgang	6,6 m
Tonnage	2385 grt, 335 nrt, 3791 td
Segelfläche	3015 qm
Maschine	2 x 750 PS Sulzer auf 1 Schraube
Besatzung	40 Stammbesatzung, 4 Ausbilder, 150 Kadetten
Jahr der Fotografie	1984
Ort der Fotografie	Bermuda

DAR MŁODZIEZY

DAR POMORZA

PRINZESS EITEL FRIEDRICH, 1909 gebaut, war einer der drei Rahsegler, die vor dem Ersten Weltkrieg vom Deutschen Schulschiff-Verein betrieben wurden. 1918 wurde sie von Frankreich beschlagnahmt und verbrachte als COLBERT die nächsten elf Jahre in aufgelegtem Zustand. Pläne, sie in ein französisches Schulschiff zu verwandeln, wurden nicht ausgeführt, ebensowenig die Absicht des Baron de Forrest, sie zur Privatyacht umzubauen.

1929 suchte die Seefahrtschule von Gdingen nach einem Ersatz für die 1869 gebaute Bark LWOW. Die Bürger des polnischen Pommerns brachten das Geld auf, die COLBERT zu kaufen, und schleppten sie nach Dänemark zur Reparatur, wobei sie beinahe verlorenging. In Nakskov wurde sie wiederhergerichtet und bei ihrer Ankunft in Polen DAR POMORZA (Geschenk Pommerns) getauft. Am 13. Juli 1930 wurde erstmalig an Bord die Flagge Polens gesetzt.

1931 segelte DAR POMORZA nach New York, 1932 in die Karibik, 1933 nach Brasilien und Südafrika. 1936 fuhr sie durch den Panamakanal in den Pazifik und nach Galápagos und Tahiti. 1937 war sie das erste polnische Segelschiff, das Kap Hoorn umrundete. Den Zweiten Weltkrieg verbrachte sie, als Flüchtling aufgelegt, im neutralen Schweden.

DAR POMORZA kehrte 1945 nach Gdingen zurück und nahm ihre alte Beschäftigung wieder auf, vorwiegend im Mittelmeer und im Atlantik. 1972 war sie wieder in Westindien, und in diesem Jahr nahm sie als erstes Schiff aus dem Ostblock am Tall Ships Race teil. Bis zu ihrer Außerdienststellung war sie regelmäßig dabei.

1974 wurde sie in Portsmouth vom Herzog von Edinburgh besucht. 1976 war sie beim Transatlantik-Rennen eines der populärsten und angesehensten Schiffe der Flotte. Es war die letzte Reise ihres langjährigen Kapitän Kazimierz Jurkiewicz, der seit der Zeit vor dem Kriege ihr Kommandant war. 1980 erhielt DAR POMORZA die höchste Auszeichnung der Regatta, die Cutty Sark Trophy. Diese wird nicht dem schnellsten Schiff verliehen, sondern in geheimer Abstimmung der Kapitäne aller teilnehmenden Segelschiffe jenem Schiff zugedacht, auf dem in besonderer Weise der Geist der Völkerfreundschaft gepflegt wird.

Es war die letzte große Regatta der „weißen Fregatte", wie sie von ihrer Crew genannt wurde. 1981 unternahm sie ihre letzte Reise über Westdeutschland, Plymouth, Gibraltar, Teneriffa, Rotterdam zurück nach Gdingen. Dort wurde sie als Museumsschiff aufgelegt - wieder unter dem Kommando von Kapitän Jurkiewicz, der sich humorvoll selbst als eines der Ausstellungsstücke bezeichnete. Er hat inzwischen „seine Trosse geslippt", aber DAR POMORZA lebt weiter als Denkmal polnischer Liebe zur See.

Schiffsname	DAR POMORZA, ex-POMORZE, ex-COLBERT, ex-PRINZESS EITEL FRIEDRICH
Baujahr	1909
Konstrukteur	Blohm & Voss
Bauwerft	Blohm & Voss, Hamburg
Eigentümer	Dar Pomorza Gesellschaft, Gdingen, Polen
Flaggenstaat	Polen
Rigg	Vollschiff
Bauart	Stahl, Holzdeck
Länge ü. a.	91,0 m
Rumpflänge	81,3 m
Länge CWL	70,1 m
Breite	12,6 m
Tiefgang	5,7 m
Tonnage	1561 grt, 525 nrt, 1784 t TM
Segelfläche	2100 qm
Maschine	1 x 430 PS MAN
Besatzung	39 Stammbesatzung inkl. 12 Offiziere + 150 Kadetten
Jahr der Fotografie	1976
Ort der Fotografie	Plymouth, England

EAGLE

EAGLE war das zweite von drei Segelschulschiffen der deutschen Reichsmarine (siehe auch TOVARISHCH, S. 190) und das erste einer Reihe von vier Schwesterschiffen (siehe GORCH FOCK, S. 106). Am 30. Juni 1936 lief sie unter dem Namen HORST WESSEL vom Stapel. Bei Kriegsbeginn 1939 wurde sie zum Handelsschiff umgebaut und fuhr Passagiere und Versorgungsgüter zwischen Ostpreußen und anderen deutschen Häfen. Sie war leicht bewaffnet und soll vier sowjetische Flugzeuge abgeschossen haben.

Als die US Coast Guard die DANMARK (S. 74) ihren Eigentümern zurückgegeben hatte, suchte sie nach einem Ersatz. 1946 beschlagnahmte sie die HORST WESSEL als Kriegsbeute und taufte sie „USCG Cutter EAGLE" - alle Fahrzeuge der Coast Guard nennen sich „Cutter", auch wenn es sich wie zum Beispiel bei der EAGLE um eine Bark handelt. Man ersetzte die deutsche doppelte Besangaffel durch die gewohnte einfache Gaffel, doch 1990 kehrte man wieder zum doppelten Besan zurück.

EAGLE segelt normalerweise dreieinhalb bis vier Monate im Jahr. Im Sommer finden auf ihr drei Lehrgänge statt. Die ersten beiden sind für Kadetten verschiedener Jahrgänge und dauern je anderthalb Monate, der letzte Törn dauert nur vierzehn Tage. Dabei werden Neulinge in Seemannschaft eingewiesen. Auf diese Weise erlebt jeder Coast-Guard-Schüler zwei- bis dreimal während der Ausbildung handfestes Hochseesegeln. Normalerweise ist das Fahrtgebiet der EAGLE die Ostküste der Vereinigten Staaten, doch nicht selten macht sie auch längere Reisen. Zusammen mit BLACK PEARL (S. 52) war sie eines der beiden ersten amerikanischen Schiffe, die 1972 das Tall Ships Race mitsegelten.

1981 bis '82 wurde EAGLE mit zusätzlichen wasserdichten Schotten ausgerüstet, gemäß den US-Sicherheitsvorschriften, für die sie bis dahin immer eine Ausnahmegenehmigung erhalten hatte. Gleichzeitig bekam sie auch eine neue Maschine, die Hängematten der Kadetten wurden durch festeingebaute Kojen ersetzt und die Messe vom Schlafraum getrennt.

Die heutige Besatzung der EAGLE besteht aus einer Stammcrew von 35 Mann, inklusive fünf Offizieren, die während der Lehrgänge durch fünf weitere Offiziere und 15 Mannschaftsgrade ergänzt werden, und 150 Kadetten, alle Studenten der USCG Academy in New London. Im Durchschnitt hat die EAGLE 20 weibliche Kadetten an Bord.

1988 nahm EAGLE am Großsegler-Rennen anläßlich der australischen 200-Jahr-Feier teil, und 1989 machte sie ihren ersten Besuch in Leningrad, bevor sie nach Rouen zum 200. Jubiläum der Französischen Revolution segelte. 1990 besuchte EAGLE anläßlich der 200-Jahr-Feier der US Coast Guard zahlreiche Häfen von Maine bis Florida. 1991 war sie in Cherbourg, Weymouth und Lissabon.

1992 nahm sie zwar nicht an der Kolumbus-Regatta teil, aber sie empfing die Flotte in Puerto Rico und war Gastgeberin in New York und Boston.

Schiffsname	EAGLE, ex-HORST WESSEL
Baujahr	1936
Konstrukteur	Blohm & Voss
Bauwerft	Blohm & Voss, Hamburg
Eigentümer	United States Coast Guard, New London, Connecticut, USA
Flaggenstaat	USA
Rigg	Bark
Bauart	Stahl, aufgesetztes Teakdeck
Länge ü. a.	89,7 m
Rumpflänge	80,7 m
Länge CWL	70,3 m
Breite	11,9 m
Tiefgang	5,2 m
Tonnage	1500 grt, 1561 t TM, 1634 td
Segelfläche	1983 qm
Maschine	1 x 1000 PS Caterpillar
Besatzung	35 Stammbesatzung + 20 zusätzl. Besatzung + 150 Kadetten
Jahr der Fotografie	1976
Ort der Fotografie	Newport, Rhode Island, USA

COAST GUARD

EENDRACHT

Die erste EENDRACHT der „Het Zeilend Zeeschip" wurde 1974 gebaut und in Dienst gestellt. Sie war als Rahschoner getakelt, 32 Meter lang und konnte 25 Trainees aufnehmen. Aufgrund des wachsenden Bedarfs an Trainee-Plätzen war EENDRACHT 1985 zu klein geworden, und ein größeres Schiff wurde entworfen. Die 2,7 Millionen Pfund für seinen Bau deckten sich in erster Linie über Spenden von Privatleuten und Wirtschaftsunternehmen. Kiellegung erfolgte 1988 auf der de Vries-Lentsch-Damen Werft, die Indienststellung am 15. September 1989. Der alte Rahschoner wurde an das Clipper-Jugendwerk verkauft, das auch die AMPHITRITE bereedert (S. 28), und JOHANN SMIDT genannt.

EENDRACHT nimmt als Segelschulschiff Trainees aller Altersgruppen auf. Die Mitsegler werden in Wachen eingeteilt und haben an der Schiffsführung aktiven Anteil. Von Mai bis November wird in nordeuropäischen Gewässern gesegelt, von Dezember bis April zwischen den Kanarischen Inseln und auch von Malaga aus. Während der Sommer- und Herbstferien und bei den Großsegler-Regatten nimmt sie nur junge Leute zwischen 15 und 26 Jahren an Bord. Auf einigen Kreuzfahrten werden die Kojen einzeln vermietet, auf anderen Reisen wird das ganze Schiff von Clubs, Gruppen oder Unternehmen gechartert. Die Törns dauern von einigen Tagen bis zu zwei Wochen. EENDRACHT nahm an den Tall Ships Races 1990 und 1991 teil und war 1994 auch beim Windjammertreffen in Rouen dabei.

Die Stammbesatzung von 13 Mann besteht nur aus vier bezahlten Händen: dem Ersten Steuermann, dem Bootsmann, dem Ingenieur und dem Koch. Alle anderen, eingeschlossen Kapitän, Offiziere und Schiffsarzt, werden aus einer Gruppe qualifizierter Anwärter bestimmt und kommen für ihre Ausgaben selber auf.

EENDRACHT ist eine typische de Vries-Lentsch-Yacht: hochbordig, mit starkem Sprung und großen Deckshäusern. Das Unterwasserschiff besitzt jedoch schlanke Linien mit flachem Flossenkiel und Ruderskeg. EENDRACHT entspricht der Lloyds Klasse + 100 A1 + LMC. Masten und Spieren bestehen aus Aluminium, Vor- und Großmast sind gaffelgetakelt, der Besan hat Bermudarigg. Bei fünf Windstärken erreicht das Schiff 15 Knoten.

40 Traineekojen sind in acht Zweibettkammern und sechs Vierbettkammern unterteilt. In den Deckshäusern sind die Kombüse und der Salon untergebracht, an dessen Tisch die gesamte Besatzung Platz hat. Die Brücke mit dem geschlossenen Ruderhaus entspricht einem Motorschiff, die dahinter liegende offene Seglerbrücke steht erhöht, so daß der Rudergänger über das Ruderhaus hinwegsehen kann. Darunter und dahinter befindet sich das große Cockpit mit Bänken und Tischen.

Das gesamte Zwischendeck wird von den Wohn- und Sanitärräumen der Crew und der Trainees eingenommen. Unter dem Zwischendeck liegt der Maschinenraum und ein 100-PS-Bugstrahlruder.

Schiffsname	EENDRACHT
Baujahr	1989
Konstrukteur	de Vries Lentsch
Bauwerft	Damen Werft, Gorinchem, Niederlande
Eigentümer	B.V. Rederij „de Twaalf Provincien", Den Haag, Niederlande
Betreiber	Stichting „Het Zeilend Zeeschip", Den Haag
Flaggenstaat	Niederlande
Rigg	Dreimastschoner
Bauart	Stahl, aufgesetztes Holzdeck
Länge ü. a.	59,1 m
Rumpflänge	55,0 m
Länge CWL	41,9 m
Breite	12,3 m
Tiefgang	5,0 m
Tonnage	606 grt, 181 nrt, 457 td
Segelfläche	1033 qm am Wind
Maschine	1 x 540 PS Caterpillar
Besatzung	13 Stammbesatzung + 40 Trainees
Jahr der Fotografie	1990
Ort der Fotografie	Isle of Wight, England

TS
H477

ELINOR

1906 lief der Schoner unter dem Namen ALTA in Stubbekøbing, Dänemark, vom Stapel. Damals noch ohne Maschine, besaß sie die gleiche Takelage wie heute - ein sogenanntes „Neufundlandrigg". Ein solches Rigg wurde von den meisten dänischen Schiffen verwendet, die in der Salzfischfahrt nach Neufundland beschäftigt waren. Zusätzlich zu der Rahfock, die bei achterlichem Wind „fliegend" gesetzt wurde, konnte sie darüber noch ein dreieckiges Rahtoppsegel, ein sogenanntes Raffee, setzen. In ihrem Falle ist es zweigeteilt, um den Klüverstagen Platz zu schaffen.

ALTA wurde zuerst in Marstal registriert. 1916 kaufte sie ein Norweger und nannte sie SØRKYST I aus Christiania, dem heutigen Oslo. Nun fuhr sie auf Wal- und Robbenfang in die Arktis. Zu dieser Zeit wurde die erste leichte Hilfsmaschine eingebaut. 1928 kam sie als AGNETE von Ålborg nach Dänemark zurück. Ihr Rigg wurde zu dem einer Galeasse verkleinert und ein neuer, stärkerer Motor eingebaut. Sie wurde als Steinfischer eingesetzt und holte für die Bauindustrie Findlinge vom Meeresgrund. 1938 wurde sie weiterverkauft und als ELINOR zum Motorfrachter für die Ostseefahrt umgebaut.

1967 erwarben sie die Eigner der Partenreederei Seijlskips K/S „Alta". Diese Gesellschaft ist bis heute Eignerin geblieben, obwohl die Inhaber der Parten kamen und gingen. Bis 1971 wurde sie zur Charteryacht umgebaut und in den folgenden Jahren an verschiedene dänische Sozialeinrichtungen verchartert, die auf ihr Reisen mit schwererziehbaren Jugendlichen unternahmen. 1978 führte eine dieser Reisen für zehn Monate ins Mittelmeer.

Während des Großsegler-Rennens in der Ostsee kollidierte sie 1980 mit einem unbeleuchteten schwedischen Fischerboot, das ihr die Seite eindrückte und das Heck abriß. Es gelang der Besatzung, sie in den Hafen von Karlskrona zu bringen. Anschließend ging sie zur Reparatur in eine Werft.

1981 setzte sie Segel Kurs Jamaika, an Bord einige zahlende Gäste und eine Ladung portugiesischen Weines. Auf der Rückreise nahm sie 1982 am Tall Ships Race teil, das von Venezuela über Philadelphia, Newport, Lissabon und Vigo nach Southampton führte. Im selben Jahr segelte sie zurück in die Virgin Islands. Von 1983 bis '84 wurde sie von der kanadischen Sozialeinrichtung Cap Espoir für die Jugendarbeit gechartert. 1984 nahm sie am Großsegler-Treffen in Quebec teil. Anschließend segelte sie zurück nach Dänemark, mit Zwischenstopp in Oporto, wo sie eine Ladung Portwein an Bord nahm. 1985 und '86 segelte sie von den Virgin Islands aus, unter anderem für eine Filmgesellschaft. 1986 war ELINOR auf der OpSail in New York dabei. 1989 wurde sie in Cumaná, Venezuela, überholt und unternimmt seitdem von den Jungferninseln aus Chartertörns.

Schiffsname	ELINOR, ex-AGNETE, ex-FUUR, ex-SØRKYST I, ex-ALTA
Baujahr	1906
Konstrukteur	Otto Hansen
Bauwerft	Otto Hansen Werft, Stubbekøbing, Dänemark
Eigentümer	Sejlskibs K/S „Alta", Gentofte, Dänemark
Flaggenstaat	Dänemark
Rigg	Dreimastschoner mit Fockrah
Bauart	Holz
Länge ü. a.	36,0 m
Rumpflänge	25,0 m
Breite	6,0 m
Tiefgang	2,0 m
Tonnage	71 grt, 38 nrt, 120 td
Segelfläche	450 qm
Maschine	1 x 155 PS Deutz
Besatzung	6 Crew + 10 Passagiere oder Trainees
Jahr der Fotografie	1984
Ort der Fotografie	Quebec, Kanada

ELISABETH LOUW

1910 lief der Lotsenschoner mit dem eleganten Heck auf der Vigé-Werft, Haarlem, vom Stapel. Unter dem Namen TONIJN (Thunfisch) wurde er von Kapitän Henk-Jan Hoogendoorn erworben und 1985 bis '86 zur Charteryacht umgebaut. Als ELISABETH LOUW ist der Schoner nach der holländischen Klasse BZ 1234, Klasse 3, registriert. Das heißt, er darf auf Weltreisen eingesetzt werden. Die Stammbesatzung besteht aus Kapitän Hoogendoorn und seiner Frau, die ständig an Bord leben, und zwei bezahlten Deckshands.

ELISABETH LOUWs Heimathafen ist Enkhuizen, ihr Revier reicht von der Bretagne bis in die Ostsee. Die Gäste versorgen sich selbst und wollen aktiv an der Bedienung des Schiffes beteiligt werden.

Der genietete Stahlrumpf der ELISABETH LOUW besitzt vier wasserdichte Schotten. Beim Umbau wurde ein falscher Klippersteven angebaut und Irokoplanken auf das Stahldeck aufgesetzt. Hauptruder und Kompaßhaus stehen hinter dem Ruderhaus auf dem erhöhten Achterdeck. Masten, Bugspriet und Bäume bestehen aus gewachsener Lärche, Gaffeln und Rahen aus weißgestrichenem Aluminium. Beide Rahen bleiben auf Position. Das Rahtoppsegel wird fliegend von Deck aus gesetzt, das Raffeetoppsegel darüber wird zur Toppstenge hin aufgegeit.

Das Ruderhaus ist der Crew- und Eignerbereich mit Innensteuer, Maschinenkontrolle und Instrumenten an der Vorkante. Achtern sind Tisch, Backskisten und Kombüse. Im versenkten mittleren Deckshaus sind Messe und Kombüse der Gäste untergebracht. Von dort aus führt ein Niedergang zu den Unterkünften vorne und mittschiffs. Dreiundzwanzig Gästekojen verteilen sich auf acht Kabinen. Alle Kabinen sind mit Waschbecken ausgestattet. Ganz vorne befinden sich Stauräume und die Waschküche.

1986 bis '88 wurde der Schoner von einer belgischen Segelschule gechartert, die von der Firma Schweppes gesponsert wurde. Zu diesem Zweck bekam das Schiff neue gelbe Segel in der Farbe der Flaschenlabel des bekannten Tonics.

Schiffsname	ELISABETH LOUW, ex-TONIJN
Baujahr	1910, umgebaut 1985-86
Konstrukteur	Vigé
Bauwerft	Vigé Werft, Haarlem, Niederlande
Eigentümer	J. H. Hoogendoorn
Flaggenstaat	Niederlande
Rigg	Toppsegelschoner
Bauart	Stahl, aufgesetztes Holzdeck
Länge ü. a.	40,0 m
Rumpflänge	28,7 m
Breite	6,6 m
Tiefgang	2,7 m
Tonnage	110 grt, 33 nrt, 160 td
Segelfläche	520 qm, am Wind 374 qm
Maschine	1 x 300 PS Henschel
Besatzung	4 Crew + 23 Passagiere
Jahr der Fotografie	1988
Ort der Fotografie	Cowes, England

ESMERALDA

Das Segelschulschiff ESMERALDA ist das sechste chilenische Marinefahrzeug dieses Namens. Das erste war eine spanische Fregatte, die während des chilenischen Unabhängigkeitskrieges 1820 vor Callao, Peru, gekapert wurde. Die zweite ESMERALDA wurde 1855 gebaut und schlug sich 1879 mehrmals erfolgreich im chilenisch-bolivianischen Krieg. Die dritte ESMERALDA wurde 1889 als leichter Kreuzer in Dienst gestellt, die vierte, ein schwerer Kreuzer, 1898 auf Kiel gelegt. Die fünfte war eine U-Boot-Abwehr-Fregatte, 1946 in Dienst gestellt, die umbenannt wurde, als der Name 1952 auf das jetzige Schulschiff ESMERALDA übertragen wurde.

Sie ist nicht das erste Segelschulschiff der chilenischen Marine, die immer Wert auf Segelschiffsausbildung gelegt hat. Ihre Vorgängerinnen waren die Dampfbark GENERAL BAQUEDANO und die Viermastbark LAUTARO, die ehemalige PRIWALL aus Hamburg.

ESMERALDA wurde 1942 unter dem Namen JUAN DE AUSTRIA auf Kiel gelegt. Sie war von der spanischen Marine als Schwesterschiff der JUAN SEBASTIAN DE ELCANO (S. 116) bestellt worden, doch sie erlitt 1951 vor der Fertigstellung einen schweren Brandschaden. In diesem Zustand wurde sie von der chilenischen Marine erworben, wieder instand gesetzt und fertiggebaut. Als ESMERALDA lief sie 1952 vom Stapel und wurde 1954 in Dienst gestellt.

Zwischen den beiden Schwesterschiffen gibt es, abgesehen von den Aufbauten, vor allem in der Takelage auffällige Unterschiede. JUAN SEBASTIAN DE ELCANO ist ein klassischer Viermast-Toppsegelschoner. Auf der ESMERALDA hingegen ist das vordere Gaffelsegel gegen zahlreiche Stagsegel - wie bei einem Stagsegelschoner - ausgetauscht worden, weshalb viele Fachleute sie als Barkentine bezeichnen. Da ihre Rahsegel jedoch wieder auf typische Schonerart getakelt sind mit hochgezogenem Untermast und nur einer Toppstenge, würden wir diese Hybridin als Viermast-Schoner-Barkentine bezeichnen.

Auf ESMERALDA werden gleichermaßen Matrosen der Handelsschiffahrt und Marinekadetten ausgebildet. Sie fährt eine Stammbesatzung von 237 Mannschaftsgraden und Offizieren und bildet jeweils 100 Kadetten aus.

ESMERALDA gehört zu den Segelschiffen mit den durchschnittlich größten Reisemeilen pro Jahr. Häufig ist sie auf Weltreise, hat oft Kap Hoorn umsegelt und besucht gelegentlich Europa und die Großsegler-Treffen der Welt. 1964 und 1976 war sie im Feld des Tall Ships Race nach New York dabei, 1983 beim Segelfestival von Osaka, 1986 bei der New York OpSail, und sie segelte anläßlich der australischen 200-Jahr-Feier 1988 in der Großsegler-Regatta mit. 1992 nahm sie an der Kolumbus-Regatta teil.

Schiffsname	ESMERALDA, ex-JUAN DE AUSTRIA
Baujahr	1942-52
Konstrukteur	Camper & Nicholsons, Gosport, England
Bauwerft	Echevarrieta y Larriñaga, Cadiz, Spanien
Eigentümer	Chilenische Marine
Flaggenstaat	Chile
Rigg	Viermast-Schoner-Barkentine
Bauart	Stahl, aufgesetztes Teakdeck
Länge ü. a.	113,0 m
Rumpflänge	94,0 m
Länge CWL	79,0 m
Breite	13,0 m
Tiefgang	6,0 m
Tonnage	2276 t TM, 3222 td
Segelfläche	2870 qm
Maschine	1 x 1500 PS Fiat
Besatzung	237 Stammbesatzung + 100 Kadetten
Jahr der Fotografie	1976
Ort der Fotografie	Newport, Rhode Island, USA

EUGENIOS EUGENIDIS

Auf der EUGENIOS EUGENIDIS werden die künftigen Handelsschiffsseeleute und -offiziere Griechenlands ausgebildet. Die Kadetten, meist zwischen 18 und 19 Jahren, kommen von den 15 verschiedenen Seemannsschulen des Landes. 1500 bis 2000 von ihnen werden jährlich auf dem Schiff trainiert. Seit 1979 werden auch reine Mädchenkurse abgehalten. Das Fahrtgebiet der EUGENIOS EUGENIDIS ist das östliche Mittelmeer. Im Sommer findet ein längerer Törn statt, sonst werden kürzere Routen gesegelt.

Der Rumpf besteht aus genietetem Stahl mit Holzdeck. Da die vorderen Toppstengewanten noch unter der obersten Rah enden und diese auf der Toppstenge auf- und niedergeholt werden kann, kann man EUGENIOS EUGENIDIS als Toppsegelschoner bezeichnen. Die Besegelung ist sehr wirkungsvoll - 16 Knoten werden unter Segeln erreicht.

Der Schoner wurde von G. L. Watson & Co. in Glasgow für Sir Walter Runciman gezeichnet, den späteren Lord Runciman. Sie sollte die Nachfolgerin seiner ersten SUNBEAM werden und lief 1929 in Dumbarton bei William Denny & Brothers vom Stapel, derselben Werft, die auch CUTTY SARK vollendet hatte. Als SUNBEAM II blieb sie Lord Runcimans Privatyacht bis zu seinem Tode 1937.

Während des Zweiten Weltkrieges wurde der Schoner von der Admiralität als Marinehilfsfahrzeug eingesetzt und nach dem Kriege der Familie Runciman zurückgegeben. 1946 erwarb sie die Abraham Rydberg Stiftung in Stockholm. Als Ersatz für die Viermastbark ABRAHAM RYDBERG sollte sie als Schulschiff dienen. Unter dem gekürzten Namen SUNBEAM unternahm sie Reisen in Ost- und Nordsee und eine Fahrt nach Westindien. Aus finanziellen Gründen wurde sie 1952 zum Verkauf angeboten.

Erst 1954 fand sich ein Käufer: die Clipper Linie des Reeders Einar Hansen aus Malmö, Schweden. Sie wurde FLYING CLIPPER getauft und diente als Schulschiff für die Offiziersanwärter der Schiffahrtslinie. An den ersten beiden Tall Ships Races von Torbay nach Lissabon und von Brest nach Las Palmas nahm sie teil. 1961 bis ’62 war sie der Star des Kinofilmes „Flying Clipper“, und auch in der Verfilmung von Joseph Conrads „Lord Jim“ spielte sie mit. Ihre Hauptbeschäftigung blieb jedoch die Segelausbildung. Als sie 1965 an das griechische Schiffahrtsministerium verkauft wurde, hatten auf ihr 200 Decksoffiziere, 60 Ingenieure und 27 Stewards ihre Seebeine erworben. Die Mittel für den Kauf stammten von dem 1954 verstorbenen Reeder Eugenios Eugenidis.

Schiffsname	EUGENIOS EUGENIDIS, ex-FLYING CLIPPER, ex-SUNBEAM, ex-SUNBEAM II
Baujahr	1929
Konstrukteur	G. L. Watson & Co., Glasgow, Schottland
Bauwerft	William Denny & Brothers Ltd, Dumbarton, England
Eigentümer	Griechisches Schiffahrtsministerium, Piräus
Flaggenstaat	Griechenland
Rigg	Dreimast-Toppsegelschoner
Bauart	Stahl, Holzdeck
Länge ü. a.	66,2 m
Rumpflänge	59,4 m
Länge CWL	45,7 m
Breite	9,2 m
Tiefgang	5,5 m
Tonnage	636 grt, 226 nrt, 659 t TM
Segelfläche	1394 qm
Maschine	1 x 400 PS Polar Atlas
Besatzung	24 Stammbesatzung + 54 Trainees
Jahr der Fotografie	1976
Ort der Fotografie	Poros, Griechenland

EYE OF THE WIND

EYE OF THE WIND wurde 1911 in Deutschland als Toppsegelschoner FRIEDRICH gebaut. Bis zum Beginn des Ersten Weltkrieges segelte sie zwei Reisen pro Jahr von Hamburg zum Rio de la Plata, mit Stückgut auf der Ausreise. Auf der Rückreise brachte sie Rinderhäute nach Cornwall und cornische Tonerde nach Deutschland. Von 1923 bis 1969 fuhr sie als Küstenfrachter in Ost- und Nordsee und durchlief die übliche schrittweise Umwandlung zum Motorschiff.

Ihre heutigen Eigner, eine britisch-australische Gesellschaft, entdeckten sie 1973 in Schweden. Sie erwarben sie als Ersatz für den hölzernen Dreimast-Toppsegelschoner NEW ENDEAVOUR, der in Sydney verkauft worden war. Unter dem Namen EYE OF THE WIND wurde sie nach Faversham in Kent verholt, wo sie eine Takelage als „falsche Brigantine" erhielt, entsprechend der heutigen Vorstellung von einer Brigantine ohne Rahen am Großmast.

1976 lief sie zu ihrer ersten Abenteuer-Kreuzfahrt aus. Die Reise ging in zwei Jahren um die Welt. 1978 wurde sie von der Operation Drake gechartert und lief zu ihrer zweiten Weltumseglung aus. Auf dieser Reise segelten auf verschiedenen Etappen insgesamt 400 junge Leute mit. Nach einem Segelsommer rund um Großbritannien 1980 setzte EYE OF THE WIND 1981 erneut Segel Kurs Pazifik.

In Neuseeland wurde sie für den Film „Savage Island" gechartert. Dafür wurde sie zur „echten Brigantine" umgetakelt. Nun führte sie auch am Großmast Rahen. Von der Brigg unterscheidet sie sich durch das große Gaffelgroßsegel. Dieses Rigg führt sie bis heute.

Ab 1982 operierte sie von Hobart, Australien, aus. Kurzen Küstentörns folgten längere in den Westpazifik bis Fidschi, Vanuatu und Neuguinea und wieder kürzere zum Großen Barrier-Riff. 1985 bis '86 wirkte sie unter der chinesischen Küste an der Verfilmung von „Tai Pan" mit.

Über Mikronesien und Melanesien erreichte sie Cairns im August 1986, segelte nach Perth zu den Ausscheidungsregatten um den America's Cup und südlich zurück nach Hobart und Sydney. 1987 wurde sie einer gründlichen Überholung unterzogen, auch um den neuen Bestimmungen des Board of Trade zu genügen.

Anschließend stieß sie in Perth zum First Fleet Re-enactment und segelte mit der Flotte zur 200-Jahr-Feier nach Sydney. Später im Jahr nahm sie ihren eigenen Reiseplan wieder auf und segelte unter anderem zur Insel Pitcairn zum 200jährigen Jubiläum des Verbrennens der Bounty am 23. Januar 1790.

Im Oktober 1991 setzte sie zusammen mit der Brigantine SØREN LARSEN (S. 182) in Sydney Segel zur Reise nach Lissabon. Sie rundete Kap Hoorn am 10. Dezember 1991. 1992 nahm die EYE OF THE WIND an der Kolumbus-Regatta in der Klasse B teil.

Schiffsname	EYE OF THE WIND, ex-MERRY, ex-ROSE MARIE, ex-MERRY, ex-SAM, ex-FRIEDRICH
Baujahr	1911
Konstrukteur	C. Lühring
Bauwerft	Lühring Werft, Brake, Unterweser
Eigentümer	Adventure Under Sail Syndicate, Annandale, NSW, Australien
Flaggenstaat	England
Rigg	Brigantine
Bauart	Eisen, aufgesetztes Teakdeck
Länge ü. a.	40,2 m
Rumpflänge	31,4 m
Länge CWL	27,4 m
Breite	7,0 m
Tiefgang	2,7 m
Tonnage	150 grt, 115 nrt, 260 tdw
Segelfläche	557 qm am Wind, 790 qm gesamt
Maschine	1 x 230 PS Gardner
Besatzung	10 Stammbesatzung + 18 Mitsegler
Jahr der Fotografie	1986
Ort der Fotografie	Perth, Australien

FALLS OF CLYDE

FALLS OF CLYDE ist das einzige aufgetakelte Viermastvollschiff, das aus der Zeit der Segelschiffahrt übriggeblieben ist. Daneben existieren noch zwei Schiffe ihrer Art. Das eine ist die COUNTY OF PEEBLES, eine noch schwimmende Hulk, die unter dem Namen MUÑOZ GAMERO als Wellenbrecher bei Punta Arenas in Chile liegt. Der Clyde Maritime Trust in Glasgow versucht Geldmittel aufzubringen, um sie nach Schottland zu verholen und zu restaurieren. Das andere Schiff ist die COUNTY OF ROXBURGH, die hoch und trocken auf dem Korallenatoll Takaroa in den Tuamotu-Inseln liegt.

FALLS OF CLYDE wurde in Glasgow gebaut und im Dezember 1878, sieben Monate nach Kiellegung, vom Stapel gelassen. Sie war das erste von neun Schiffen der Falls Linie, sechs davon vollgetakelte Viermaster und alle nach Wasserfällen in Schottland benannt. Ihr Kapitän C. Anderson meinte, FALLS OF CLYDE würde von 15 Knoten Fahrt nicht viel Aufhebens machen. Die nächsten 20 Jahre fuhr der schnelle Segler Stückgut unter britischer Flagge.

1898 erwarb sie die Matson Shipping Line, und sie wurde das erste Schiff unter hawaiianischer Flagge. Sie wurde zur Bark umgetakelt. Bis 1907 bediente sie die Westküste der Vereinigten Staaten, immer noch ein schnelles Schiff, das von ihren Kapitänen hart gesegelt wurde.

1907 wurde sie an Associated Oil verkauft und zum segelnden Öltanker mit eingebauten Seitentanks umgerüstet. Die nächsten 14 Jahre fuhr sie Öl und Melasse zwischen Gaviotta in Kalifornien und Hilo oder Honolulu in Hawaii, eine Reise, für die sie etwa zwei Wochen benötigte. 1921 kaufte sie die General Petroleum Company. Nach ihrer letzten Reise 1922 wurde sie in Ketchikan, Alaska, zum schwimmenden Öllager umgewandelt.

1958 rettete ein Privatmann sie vor dem Schicksal, bei Vancouver als Wellenbrecher versenkt zu werden, doch wurde sie aus finanziellen Gründen 1963 wieder zum Verkauf angeboten.

Da gelang es den Hawaiianern, die Mittel aufzubringen, sie nach Honolulu schleppen und dort wieder in alter Erscheinung als Vollschiff restaurieren zu lassen. Das Bernice P. Bishop Museum setzte vier neue Masten, ein neues Rigg, besserte das Holzdeck aus und bestellte eine neue Galionsfigur beim Holzschnitzer Jack Whitehead von der Isle of Wight. Seitdem liegt sie an Pier 7 in Honolulu, jedermann zur Besichtigung freigegeben.

Da das ethnologisch ausgerichtete Museum die Mittel zur Instandhaltung nicht mehr aufbringen konnte, wurde FALLS OF CLYDE 1986 an das Hawaii Maritime Center übereignet, eine gemeinnützige Organisation, die Mittel zur weiteren Restaurierung zur Verfügung stellte. Dabei wurde das Deck erneuert und der obere Pumpenraum restauriert, in dem die Pumpen zum Löschen der Tankladungen stehen. FALLS OF CLYDE ist nicht nach einer bestimmten Periode ihrer Vergangenheit restauriert, sondern entsprechend den bemerkenswertesten Abschnitten ihrer Laufbahn: als Viermast-Vollschiff gemäß ihrer Glanzzeit und dann als einziges überlebendes Exemplar jener frühen Öltanker, die sich zum Antrieb lieber der Kraft des Windes bedienten als des stinkenden öligen Stoffes, den sie als Ladung fuhren.

Schiffsname	FALLS OF CLYDE
Baujahr	1878
Bauwerft	Russel & Co., Port Glasgow, Schottland
Eigentümer	Hawaii Maritime Center, Honolulu, Hawaii
Flaggenstaat	USA
Rigg	Viermast-Vollschiff
Bauart	Eisen, Stahl- und Holzdeck
Länge ü. a.	98,5 m
Rumpflänge	85,3 m
Länge CWL	81,1 m
Breite	12,2 m
Tiefgang	6,4 m
Tonnage	1809 grt, 1748 nrt, 1195 td
Maschine	keine
Besatzung	14 Crew von 1907-21
Jahr der Fotografie	1977
Ort der Fotografie	Honolulu, Hawaii, USA

FANTOME III

FANTOME III, das Flaggschiff von Kapitän Mike Burkes Windjammerflotte, entstand unter ungewöhnlichen Umständen. Ihre Kiellegung erfolgte noch während des Ersten Weltkrieges. Sie war als Zerstörer für die italienische Marine bestimmt. Bei Kriegsende war sie erst halb fertig und blieb nun in diesem Zustand, bis sie neun Jahre später vom Herzog von Westminster erworben wurde. 1927 endlich lief sie als Privatyacht mit Viermast-Rahschoner-Takelage vom Stapel.

Unter dem Namen FLYING CLOUD kreuzte sie durchs Mittelmeer, bis sie 1937 an den Engländer H.J.P. Bomford verkauft wurde und später im selben Jahr an Lord A.E. Guinness, der sie FANTOME III taufte. Er besaß bereits FANTOME II (siehe BELEM, S. 44) und behielt beide Yachten bis zu seinem Tode 1948. FANTOME III wurde überholt und modernisiert und segelte anschließend in den Pazifik. 1939 wurde sie in Seattle aufgelegt und blieb dort bis nach dem Kriege.

William und Joe Jones aus Seattle erwarben sie 1951 und veranstalteten Führungen auf der alten Luxusyacht. 1953 wurde sie nach Montreal geschleppt und 1956 an Aristoteles Onassis verkauft. Der ließ sie nach Kiel zu den Howaldtwerken verholen, wo sie wieder instand gesetzt wurde. Onassis wollte den Schoner Rainier von Monaco und Grace Kelly zur Hochzeit schenken, aber als er sich nicht auf der Gästeliste fand, ließ er das Schiff für die nächsten 13 Jahre in Kiel auflegen.

1969 kaufte sie Kapitän Mike Burke und ließ sie nach Skagen und später nach Spanien schleppen, wo sie zu einem segelnden Kreuzfahrtschiff umgebaut wurde. Zwei luxuriöse Unterkünfte für je sechs Passagiere, 15 Deckskabinen und 42 normale Kabinen wurden eingebaut, mit Bars, großem Salon, neuen Crewquartieren und Air-Condition. Als Takelage bekam sie ein arbeitssparendes Stagsegelrigg.

In Westindien stieß FANTOME III zu den anderen Windjammern Mike Burkes (S. 158). Das ganze Jahr hindurch segeln die Schiffe von den Bahamas, den British Virgin Islands, St. Martin, Antigua und Grenada auf Einwochentörns mit wechselnden Reiserouten, so daß auch Passagiere, die zwei Wochen buchen, immer neue Inseln und Häfen zu sehen bekommen. 1991 segelte FANTOME III von Antigua aus, über St. Barths, St. Martin, St. Kitts und Monserrat in der ersten und dritten Woche und über Dominica, Guadeloupe und den Isles des Saintes in der zweiten und vierten Woche.

Im August 1991 begann dann eine fünf Millionen Dollar teure Generalüberholung. FANTOME III erhielt neue Maschinen, neue platzsparende Tanks und ein zusätzliches Kabinendeck. Die alten Kabinen wurden vergrößert und modernisiert - die Gesamtkapazität stieg von 126 lediglich auf 128 Betten.

Nach dreimonatigem Werftaufenthalt nahm FANTOME III ihren Dienst wieder auf - die Umbauarbeiten wurden unterwegs fortgesetzt. Nach Abschluß dieser Arbeiten gehört die FANTOME III wieder zu den luxuriösen Seglern, die auch gehobenen Ansprüchen an Komfort gerecht werden.

Schiffsname	FANTOME III, ex-FLYING CLOUD
Baujahr	1927
Bauwerft	Ansaldo S.A., Livorno, Italien
Eigentümer	Fantome S.A.
Flaggenstaat	Honduras
Betreiber	Windjammer Inc., Miami Beach, Florida, USA
Rigg	Viermast-Toppsegel-Stagsegelschoner
Bauart	Stahl
Länge ü. a.	86,0 m
Rumpflänge	71,6 m
Länge CWL	58,9 m
Breite	12,2 m
Tiefgang	5,8 m
Tonnage	676 grt, 310 nrt
Segelfläche	1951 qm
Maschine	2 x 399 PS Caterpillar auf Doppelschrauben
Besatzung	45 Stammbesatzung + 128 Passagiere
Jahr der Fotografie	1988
Ort der Fotografie	Antigua

GEORG STAGE

Die erste GEORG STAGE war ein kleines eisernes Vollschiff, dessen Bau im Jahre 1882 durch eine Stiftung des dänischen Reeders Frederik Stage finanziert wurde, getauft im Gedenken an dessen mit 22 Jahren verstorbenen Sohn. Auf ihr wurden bis 1934 dänische Handelsschiffskadetten ausgebildet. Dann wurde das etwas größere Schiff in Auftrag gegeben, das hier abgebildet ist. Das alte Vollschiff wurde von dem bekannten australischen Segler und Autor Alan Villiers erworben, der sie JOSEPH CONRAD nannte und anschließend auf der Kap-Hoorn-Route die Welt umsegelte. Seit 1948 gehört sie neben der CHARLES W. MORGAN zum Schiffahrtsmuseum in Mystic Seaport, Connecticut.

Die neue GEORG STAGE wurde 1935 in Dienst gestellt. Nach wie vor wird sie auf traditionelle Weise geführt. Die Kadetten im Alter zwischen 15 und 18 Jahren schlafen in einem offenen Deck in Hängematten, die tagsüber in Backskisten entlang der Querschotten verstaut werden. Im Deckshaus zwischen Groß- und Fockmast befinden sich Küche und Crewmesse, und das Poopdeck wird weder durch Ruder- noch Kartenhaus verunstaltet. Tatsächlich bietet GEORG STAGE von allen rahgetakelten heutigen Schulschiffen am ehesten den Anblick eines Handelsseglers aus der zweiten Hälfte des letzten Jahrhunderts, eingeschlossen derer, die wirklich als solche gebaut wurden. Einer ihrer Kapitäne meinte, sie sei die kleinste unter den Großen, aber die hübscheste. Man möchte ihm nicht widersprechen.

Nur der Kapitän und der Erste Steuermann gehören zur permanenten Crew. Die neun weiteren Mitglieder der Stammbesatzung setzen sich meist aus ehemaligen Trainees der GEORG STAGE und der DANMARK (S. 74) zusammen und bleiben nur während der sechsmonatigen Ausbildungssaison an Bord. Genausolange dauert auch der einzige Ausbildungskurs mit 60 Trainees, der pro Jahr abgehalten wird. Seit 1981 sind auch Mädchen dabei, mittlerweile an die 15 bis 20 pro Kursus, und auch die Steuerleute sind beiderlei Geschlechts.

Ende März kommen die neuen Kadetten an Bord und lernen noch am Liegeplatz das Aufentern, Losmachen, Reffen und Bergen der Segel. Nach einem Monat werden dann zum ersten Mal Segel zu kürzeren Küstentörns gesetzt, auf denen nachts noch zwischen den Inseln geankert wird. Die Schiffsinstandhaltung wird von den Kadetten besorgt. Morgens vor dem Ankerausgehen werden regelmäßig Bootsmanöver geübt. Eine Reihe mittlerer Törns mit Nachtwachen folgt, bis schließlich auf Langfahrt gegangen wird, obwohl GEORG STAGE Ost- und Nordsee nur gelegentlich verläßt. Ende August kehrt das Schiff nach Kopenhagen zurück. Die beiden letzten Wochen nutzen die Kadetten, um das Schiff für den Winter aufzulegen. Alle Segel werden abgeschlagen und auch die Rahen an Deck gefiert.

Wenn es ihr Reiseplan zuläßt, nimmt GEORG STAGE an Großsegler-Regatten teil. 1989 unternahm sie ihre erste Atlantiküberquerung nach Westindien. Von dort segelte sie die Ostküste hinauf bis nach Mystic Seaport, wo sie bei der alten GEORG STAGE, der heutigen JOSEPH CONRAD, längsseits festmachte. 1992 nahm sie an der Kolumbus-Regatta teil.

Schiffsname	GEORG STAGE
Baujahr	1935
Konstrukteur	Å. Larsen
Bauwerft	Frederikshavn Værft & Flydedok A/S, Frederikshavn, Dänemark
Eigentümer	Stiftelsen Georg Stages Minde, Kopenhagen
Flaggenstaat	Dänemark
Rigg	Vollschiff
Bauart	Stahl, aufgesetztes Holzdeck
Länge ü. a.	52,0 m
Rumpflänge	41,6 m
Länge CWL	35,9 m
Breite	8,5 m
Tiefgang	4,2 m
Tonnage	298 grt, 186 nrt, 396 t TM
Segelfläche	860 qm
Maschine	1 x 220 PS Burmeister & Wain Alpha
Besatzung	11 Stammbesatzung + 60 Kadetten
Jahr der Fotografie	1986
Ort der Fotografie	Newcastle, England

GLADAN und FALKEN

GLADAN (Gabelweihe) und ihr Schwesterschiff FALKEN (Falke) wurden von der schwedischen Marine als Ersatz für die beiden vollgetakelten Schulschiffe NAJADEN und JARRAMAS in Auftrag gegeben. Der 1897 in Dienst gestellte Kompositbau NAJADEN konnte bei einer Rumpflänge von nur 40,1 Metern und 22 Mann Stammbesatzung 100 Kadetten ausbilden. Das drei Fuß kürzere Schwesterschiff JARRAMAS, 1900 aus Eisen gebaut, hatte eine Crew von 27 plus 92 Kadetten. Einer der Gründe, daß man so viele Kadetten unterbringen konnte, war, daß diese aufgrund ihres Alters zwischen dreizehneinhalb und 15 Jahren noch relativ klein waren. NAJADEN tat bis 1938 aktiv Dienst und wurde von der Stadt Halmstadt vor dem Abwracker gerettet und als Museumsschiff erhalten. JARRAMAS segelte bis 1946, und 1950 erwarb sie die Stadt Karlskrona als Museumsschiff.

GLADAN wurde im Mai 1946 auf Kiel gelegt, im November vom Stapel gelassen und im Juni des nächsten Jahres in Dienst gestellt, zehn Tage vor dem Stapellauf der FALKEN.

Die beiden Schoner sehen sich sehr ähnlich. Am einfachsten unterscheidet man sie an ihrer Segelnummer - „S 01“ für GLADAN, „S 02“ für FALKEN. Linienriß und Takelage sind von den deutschen Lotsenschonern der Nordseeküste inspiriert. Das einzige Rahsegel ist wie bei den größeren Rahseglern permanent angeschlagen und wird von der Rah aus, und nicht fliegend von Deck aus, gesetzt. Im vorderen Deckshaus ist die Kombüse untergebracht, im hinteren Deckshaus die Offiziersmesse. Die 30 Kadetten, früher 38, schlafen teils in Kojen, teils in Hängematten.

Es war ursprünglich vorgesehen, daß beide Schoner je fünf Einmonatsreisen pro Jahr in Ost- und Nordsee unternehmen sollten. Als die Abraham Rydberg Stiftung SUNBEAM II mangels Mitteln für notwendige Reparaturen auflegte (siehe EUGENIOS EUGENIDIS, S. 90) charterte man in den Wintern von 1952 bis 1956 die FALKEN für Halbjahresreisen mit Handelsschiffskadetten in die Karibik. Beide Schoner nahmen am ersten Tall Ships Race 1956 teil und sind seitdem gelegentlich dabei. 1976 segelte GLADAN im American Bicentennial Tall Ships Race mit.

Normalerweise unternehmen die beiden Schoner Vierwochenreisen mit Kadetten der Marineschule in Karlskrona. Doch infolge von Kürzungen der Ausbildungsmittel segelte in letzter Zeit meist nur eines der Schiffe, während das andere aufgelegt war.

1990 und 1991 waren wieder beide im Dienst, allerdings häufig von zivilen Körperschaften gechartert, zum Beispiel für Schülerreisen.

Auf der Sail Bremerhaven '95 werden beide Schoner die Königlich Schwedische Marine vertreten.

Schiffsname	GLADAN und FALKEN
Baujahr	1946 GLADAN, 1947 FALKEN
Konstrukteur	Tore Herlin
Bauwerft	Marinewerft Stockholm
Eigentümer	Schwedische Marine
Flaggenstaat	Schweden
Rigg	Gaffelschoner mit Fockrah
Bauart	Stahl, aufgesetztes Teakdeck
Länge ü. a.	39,6 m
Rumpflänge	34,3 m
Länge CWL	28,3 m
Breite	7,3 m
Tiefgang	4,2 m
Tonnage	232 t TM, 220 td
Segelfläche	606 qm am Wind, 703 qm max.
Maschine	1 x 128 PS Scania Vabis
Besatzung	14 Stammbesatzung + 30 Kadetten
Jahr der Fotografie	1984
Ort der Fotografie	Cowes, England

S01
S02

GLORIA

1966 entschloß sich die kolumbianische Regierung, ihre Marine mit einem Segelschulschiff auszustatten, und beauftragte das spanische Konstruktionsbüro Senermar mit der Zeichnung und die ASTACE Werft in Bilbao mit dem Bau eines Rahseglers. Ende 1967 lief GLORIA vom Stapel und wurde 1968 von der kolumbianischen Marine übernommen. Im Oktober setzte sie in Bilbao Segel und erreichte Cartagena in Kolumbien einen Monat später. Dort erfolgte die feierliche Indienststellung.

GLORIA ist als konventionelle Bark getakelt. Mars-, Bram- und Reuelrahen laufen an Fallen. Untermasten und Marsstengen sind aus einem Stück, nur die Bramstengen sind noch gelascht. Das Ruderrad steht in einer so hohen geschlossenen Kommandobrücke, daß das Großsegel die Sicht nach vorn vollkommen verdeckt. Deshalb wird es beim Segeln meist aufgegeit oder gerefft gefahren, damit die Schiffsführung sieht, wo sie hinsegelt. Die Galionsfigur stellt allegorisch eine goldgeflügelte Ruhmesgöttin dar.

GLORIAs Stammbesatzung setzt sich aus 50 bis 65 Offizieren und Mannschaftsgraden zusammen, eingeschlossen der Ausbilder für 80 Fähnrichskadetten. Für sie dient die Bark als Ausbildungsschiff, ansonsten als schwimmende Botschafterin in Übersee, die auch für den kolumbianischen Außenhandel wirbt. Deshalb nimmt sie häufig an internationalen Großsegler-Treffen teil.

1970 segelte sie um die Welt über La Guaira, Rio de Janeiro, Buenos Aires, Kapstadt, Sydney, Wellington, Valparaiso, Callao, Guayaquil und den Panamakanal zurück nach Cartagena. 1971 bis '75 war sie meist in der Karibik anzutreffen, 1976 nahm sie am US Bicentennial Tall Ships Race teil und segelte von Bermuda nach Newport, New York und Boston. Außerhalb des Rennens nahm sie dann Kurs auf Europa.

1980 war sie beim Großsegler-Treffen in Amsterdam dabei, 1982 in Philadelphia (wo das Foto entstand), 1983 segelte sie nach Osaka. Weiter nahm sie teil: 1984 am Tall Ships Race von Puerto Rico nach Bermuda und Halifax, 1986 an der New York OpSail, 1988 an der australischen 200-Jahr-Feier und der Regatta von Hobart nach Sydney, 1989 an der 200-Jahr-Feier der Französischen Revolution in Rouen und der Sail Hamburg, 1990 an der Sail Amsterdam. 1992 nahm sie an der Kolumbus-Regatta teil.

GLORIA ist die erste einer Serie von vier Barken, die in Bilbao für lateinamerikanische Marinen gebaut wurden. Auf GLORIA folgte 1976 GUAYAS für Equador (S. 110), 1979 SIMON BOLIVAR für Venezuela (S. 178 und Umschlagfoto) und 1982 CUAUHTÉMOC für Mexico.

Schiffsname	GLORIA
Baujahr	1967
Konstrukteur	Sener Sistemas Marinos SA (Senermar), Madrid
Bauwerft	Astilleros y Talleres Celaya (ASTACE), Bilbao, Spanien
Eigentümer	Kolumbianische Marine
Flaggenstaat	Kolumbien
Rigg	Bark
Bauart	Stahl, aufgesetztes Teakdeck
Länge ü. a.	76,0 m
Rumpflänge	64,6 m
Länge CWL	56,1 m
Breite	10,6 m
Tiefgang	5,0 m
Tonnage	1150 td
Segelfläche	1400 qm
Maschine	1 x 530 PS Naval Stork
Besatzung	50-65 Stammbesatzung + 80 Kadetten
Jahr der Fotografie	1984
Ort der Fotografie	Quebec, Kanada

GLORIA

GOLDEN HIND

Von der GOLDEN HIND, der Galeone, mit der Sir Francis Drake 1577 bis '80 die Welt umsegelte, gab es keine Konstruktionspläne. Damals wurden Schiffe nach Augenmaß und überlieferten Regeln gebaut, ohne daß man zuvor Zeichnungen anfertigte. Dennoch ist die heutige GOLDEN HIND eine ernstzunehmende Rekonstruktion aufgrund verfügbarer historischer Daten, bekannter Schiffbaunormen der damaligen Zeit und zahlreicher anderer Zeugnisse des 16. Jahrhunderts.

GOLDEN HIND wurde für Lehrzwecke als voll funktionsfähiges Exponat für die Crowley Maritime Corporation aus San Francisco gebaut. Bis auf wenige Ausnahmen hielt man sich vollständig an Baumethoden und Materialien der damaligen Zeit. Nur der Rumpf ist aus Haltbarkeitsgründen aus Iroko anstatt aus Eiche, und die Flachssegel wurden später gegen solche aus Duradon ausgetauscht, einem synthetischen Tuch, das in Aussehen und Griffigkeit dem alten Material entspricht, jedoch leichter und witterungsbeständiger ist.

Das Schiff ist mit 18 funktionsfähigen Kanonennachbauten versehen. Abgesehen von dem kleinen Maschinenraum entspricht es unter Deck in Funktion und Stil seinem Original, samt der Einrichtung, den Gebrauchsgegenständen und den Navigationsinstrumenten. Der einzige sichtbare Anachronismus ist das Ruderrad. Bis ins 18. Jahrhundert hinein wurden die Schiffe entweder direkt durch Pinne oder durch den Kolderstock gesteuert, einen senkrecht eingebauten, mühsam zu bedienenden Steuerhebel.

Millionen von Besuchern haben inzwischen GOLDEN HIND erlebt. Nach Besuchen in mehreren englischen Häfen setzte sie 1974 Segel nach San Francisco, wo sie künftig bleiben sollte. Drake selbst war 1579 an der Frisco Bay vorbeigesegelt und hatte etwas nördlich davon geankert. Nach Anfangserfolgen sank die Zahl der Besucher. So wurde das Schiff für die Verfilmung von „Shogun" verchartert und segelte 1979 über Hawaii nach Japan. Nach Ende der Dreharbeiten segelte sie über Hongkong und das Mittelmeer zurück nach England, wo sie im Frühjahr 1980 ankam. Wie ihr Vorbild hatte die GOLDEN HIND die Erde umrundet, wenn auch über Panama und Suez.

Von 1980 bis 1985 besuchte sie viele britische Häfen und nahm an zahlreichen Festlichkeiten und Oldtimertreffen teil. Im Oktober 1984 wurde sie an ihre heutigen Eigner, John Carter und Roddy Coleman, verkauft. Im Herbst des nächsten Jahres verließ GOLDEN HIND England Kurs Westindien, wo sie kurz vor Weihnachten eintraf. In Charlotte Amalie und St. Thomas konnte sie von Januar bis März '86 besichtigt werden.

Danach ging sie nach Vancouver zur Expo '86 - im Schlepp, um Reisezeit einzusparen. Dort blieb sie bis Oktober '86 und besuchte dann bis Juli 1990 60 verschiedene US-Häfen an der Westküste, bevor sie ihr Ausstellungsprogramm an der Ostküste der Vereinigten Staaten fortsetzte. Von Philadelphia setzte sie am 13. September 1991 Segel zurück nach England. Im späten Oktober erreichte sie Penzance und überwinterte in Salford bei Manchester, jedermann zur Besichtigung geöffnet.

Schiffsname	GOLDEN HIND
Baujahr	1973
Konstrukteur	Loring Christian Norgaard, Kalifornien
Bauwerft	J. Hinks & Son, Appledore, Devon, England
Eigentümer	Golden Hind Ltd
Flaggenstaat	England
Rigg	Galeone
Bauart	Holz
Länge ü. a.	36,6 m
Rumpflänge	31,1 m
Länge CWL	22,9 m
Breite	7,0 m
Tiefgang	4,0 m
Tonnage	156 grt, 96 nrt, 290 td
Segelfläche	386 qm
Maschine	1 x 295 PS Cummins
Besatzung	18 (auf Seereisen)
Jahr der Fotografie	1974
Ort der Fotografie	Cowes, England

GORCH FOCK

Vom Beginn des Jahrhunderts bis zum Zweiten Weltkrieg unterhielt Deutschland eine ganze Anzahl ausgezeichneter Segelschulschiffe, sowohl für die Handelsschiffahrt als auch für die Kriegsmarine. Zum Ende des Ersten Weltkrieges wurden die vor 1914 gebauten Schulschiffe von den Siegernationen beschlagnahmt. Die deutsche Marine bestellte 1930 als Ersatz vier Schwesterbarken bei der Werft Blohm & Voss in Hamburg.

Die erste davon war die 1933 gefertigte GORCH FOCK, getauft auf den Künstlernamen des Seeschriftstellers Johann Kinau, der bei einem Seegefecht im Skagerrak 1916 den Tod fand. Nach dem Zweiten Weltkrieg wurde sie von der Sowjetunion beschlagnahmt und dient noch heute als TOVARISHCH (S. 190). Die zweite Bark war die 1936 gebaute HORST WESSEL, die heutige EAGLE (S. 80). Als dritte lief 1937 ALBERT LEO SCHLAGETER vom Stapel, die heutige SAGRES (S. 168). 1938 baute Blohm & Voss für Rumänien ihre kleine Schwester, die MIRCEA (S. 140). Das vierte Schiff, die HERBERT NORKUS, wurde nach ihrem Stapellauf 1939 wegen der Kriegsereignisse nicht mehr vollendet und 1947, von den Alliierten mit Munition und Waffen beladen, auf See hinaus geschleppt und versenkt.

Als die Bundesmarine erneut aus dem Nichts begann, bestellte sie bei Blohm & Voss wiederum eine Bark der gleichen Klasse, die GORCH FOCK (II). Bau, Stapellauf und Indienststellung erfolgten im Jahre 1958, ein Jahr nach dem tragischen Verlust der PAMIR und dem endgültigen Auflegen der PASSAT. Die beiden deutschen Viermastbarken waren nach dem Kriege als Handelsschiffe und Schulschiffe wieder in Dienst gestellt worden. Unabhängig von der PAMIR-Katastrophe sollten sie aber 1957 aufgelegt werden. Nun setzte GORCH FOCK die Kontinuität in der Überlieferung von seemännischem Handwerk und der Kenntnis in der Bedienung großer Segler fort. Heute vermitteln eine Anzahl ehemaliger Kapitäne der GORCH FOCK auf verschiedenen deutschen Jugendschulschiffen jungen Leuten das Rahseglerhandwerk.

GORCH FOCKs Linienführung, Ausrüstung und Takelage sind traditionell bestimmt. Sie verbringt mehr Zeit unter Segeln als die meisten Schulschiffe und nutzt nur selten ihren Motor. Die Kadetten sind Fähnriche der Marineschule und schlafen immer noch in Hängematten. Seit 1989 sind auch weibliche Lehrgangsteilnehmer unter ihnen.

Heimathafen der GORCH FOCK ist Kiel, wo sie nach den langen Segelsaisons überwintert. Die erste von drei jährlichen Ausbildungsreisen findet in Heimatgewässern statt, die zweite geht zu nordeuropäischen Ländern, die dritte und längste führt oft in die Karibik oder nach Nordamerika.

GORCH FOCK nimmt regelmäßig an Großsegler-Rennen teil. 1987 bis '88 segelte sie westwärts um die Welt mit großem Crewwechsel im November in Honolulu. Danach ging es nach Sydney über Samoa und Neuseeland zur australischen 200-Jahr-Feier. Nach weiterem Besatzungswechsel in Melbourne segelte sie über Suez zurück und erreichte Kiel am 22. Juni. 1989 war sie in London, Rouen und Hamburg dabei, 1990 segelte sie im Tall Ships Race und 1992 in der Kolumbus-Regatta. 1994 war sie in Rouen dabei. Auf über 100 Ausbildungsreisen legte sie mehr als 530 000 Seemeilen zurück.

Schiffsname	GORCH FOCK
Baujahr	1958
Konstrukteur	Wilhelm Süchting, Deutschland
Bauwerft	Blohm & Voss, Hamburg
Eigentümer	Deutsche Bundesmarine
Flaggenstaat	Deutschland
Rigg	Bark
Bauart	Stahl, Teakdeck
Länge ü. a.	89,4 m
Rumpflänge	81,2 m
Länge CWL	70,2 m
Breite	12,0 m
Tiefgang	5,2 m
Tonnage	1499 grt, 882 nrt, 1870 td
Segelfläche	2037 qm
Maschine	1 x 1660 PS Deutz MWM
Besatzung	80 Stammbesatzung + 130 Kadetten
Jahr der Fotografie	1988
Ort der Fotografie	Cowes, England

GROSSHERZOGIN ELISABETH

Der Dreimastschoner wurde im Jahre 1909 auf der Schiffswerft Jan Smit für einen Holländischen Reeder gebaut und soll das erste Segelschiff der Welt mit Hilfsdiesel gewesen sein. Während der ersten dreißig Jahre fuhr sie als SAN ANTONIO im Nord- und Westafrikahandel. 1940 entfernte man ihr Rigg und baute einen stärkeren Dieselmotor ein. Von nun an fuhr sie als reines Motorschiff. 1947 wurde sie nach Schweden verkauft, wo sie als BUDDI in der Ost- und Nordsee fuhr. Mehrfach wechselte sie den Eigner, hieß zwischendurch SANTONI und wieder SAN ANTONIO.

Kapitän Hartmut Paschburg aus Hamburg, der später auch die SEA CLOUD (S. 170) wieder in Dienst stellte, entdeckte sie 1973 in einem kleinen schwedischen Hafen. In Hamburg fand er Geldgeber, um das alte Segelschiff wieder als Dreimastschoner aufzutakeln und für den Charterbetrieb umzubauen.

Die drei Laderäume wurden in 18 Kabinen mit Air-Condition und Heizung für bis zu 46 Passagiere unterteilt. Die Lukensülls wurden entfernt und stattdessen ein langes Deckshaus eingebaut, das vom Poopdeck bis fast zur Back reichte. Hier wurden Deckssalon, Bar, Messe und Küche untergebracht. Für die elf Mann Stammbesatzung wurde im Vorschiff unter der Back und im Achterschiff unter dem Poopdeck Platz geschaffen.

Als ARIADNE fuhr sie unter Panama-Flagge Passagiere durch die Ostsee, das Mittelmeer oder durch die Karibik. 1977 diente sie bei den Entscheidungswettkämpfen vor Cowes als Hauptquartier des deutschen Admiral's Cup Teams. 1979 erwarb die Pariser Segelreise-Agentur Mondovoile Schiffsparten des Schoners und charterte sie für die Karibik.

1983 wurde ARIADNE an ihre heutigen Eigner verkauft. Sie nannten sie GROSSHERZOGIN ELISABETH nach dem 1901 für den Deutschen Schulschiff-Verein gebauten Vollschiff, das nach dem Zweiten Weltkrieg von den Franzosen als Kriegsbeute beschlagnahmt worden war und als DUCHESSE ANNE heute als Museumsschiff in Dünkirchen liegt.

GROSSHERZOGIN ELISABETH liegt heute in ihrem Heimathafen Elsfleth an der Unterweser als stationäres Schulschiff und Wohnheim für Seefahrtschüler. Während der Semesterferien steht sie zahlenden Gästen zur Verfügung und segelt in die Nord- und Ostsee.

Schiffsname	GROSSHERZOGIN ELISABETH, ex-ARIADNE, ex-SAN ANTONIO, ex-BUDDI, ex-SANTONI, ex-SAN ANTONIO
Baujahr	1909
Konstrukteur	Poul Benzon
Bauwerft	Scheepswerven Jan Smit, Ablasserdam, Niederlande
Eigentümer	Schulschiffverein Großherzogin Elisabeth e.V., Elsfleth
Flaggenstaat	Deutschland
Rigg	Dreimast-Toppgaffelschoner
Bauart	Stahl, Teakdeck
Länge ü. a.	63,7 m
Rumpflänge	53,1 m
Länge CWL	46,2 m
Breite	8,2 m
Tiefgang	2,3 m
Tonnage	462 grt, 217 nrt, 540 td
Segelfläche	1010 qm
Maschine	1 x 400 PS Caterpillar
Besatzung	5 Stammbesatzung + 40 Trainees
Jahr der Fotografie	1977
Ort der Fotografie	Cowes, England

GUAYAS

GUAYAS wurde als Schulschiff von der ecuadorianischen Marine in Auftrag gegeben und im Juni 1976 in Bilbao auf Kiel gelegt. Im Oktober desselben Jahres wurde sie als zweite von vier ASTACE-Bauten vom Stapel gelassen. Sie ist etwas größer als GLORIA (S. 102), das erste ASTACE-Schiff, und etwas kleiner als die beiden folgenden, SIMON BOLIVAR (S. 178 und Umschlagfoto) und Mexikos CUAUHTÉMOC.

GUAYAS wurde im folgenden Jahr vervollständigt und im Juni 1977 an die ecuadorianische Marine ausgeliefert. Sie ist nach dem Hauptstrom Ecuadors benannt, an dem die Stadt Guayaquil liegt. Für die dortige Marineschule war die Bark bestimmt, eine Schule, die bereits Simon Bolivar, der Befreier Ecuadors, gegründet hatte.

Die Kadetten sind um die 21 Jahre alt. Im Verhältnis zur Stammbesatzung ist ihre Anzahl, wie in allen lateinamerikanischen Ländern, gering. Die Stärke der Crew variiert.

Von GLORIA, ihrem Beinahe-Schwesterschiff, ist GUAYAS leicht durch ihre offene Flying Bridge anstelle des geschlossenen Ruderhauses zu unterscheiden, obwohl die Brücke ebenfalls so hoch ist, daß das Großsegel die Sicht nach vorn verdeckt. Im Gegensatz zu GLORIA stellt GUAYAS' Galionsfigur einen Kondor dar (ebenso wie bei ESMERALDA, S. 88).

In den ersten Jahren segelte GUAYAS vorwiegend im Ostpazifik und in der Karibik. Im April 1980 steckte sie von Guayaquil aus Kurs nach Europa ab. Auf ihrer Reise nahm sie am Tall Ships Race von Cartagena nach Norfolk in Virginia teil, wo sie als erste eintraf und nach vergüteter Zeit zweite wurde. Im zweiten Teil des Rennens von Boston nach Kristiansand in Norwegen wurde sie dritte. Anschließend segelte sie im Cutty Sark Tall Ships Race von Kiel über Karlskrona und Frederikshavn nach Amsterdam. Auf dieser Weltreise segelten 13 Offiziere, zehn Unteroffiziere, 94 Mannschaftsdienstgrade und 36 Fähnriche. In den Häfen war GUAYAS nicht nur zu sehen, sondern auch zu hören, mit ganz unkriegerischen Darbietungen ihrer Musikkapelle, die lateinamerikanische Musik und Jazz spielte. Am 21. Oktober 1980 kehrte sie nach Guayaquil zurück.

GUAYAS nahm 1986 an der Operation Sail in New York teil, wo sich erstmalig alle vier ASTACE-Barken trafen. Auf dieser Reise segelten 13 Offiziere, 73 Matrosen und 60 Kadetten. 1987 fuhr sie zur 200-Jahr-Feier nach Australien und an der Kolumbus-Regatta 1992 hat sie ebenfalls teilgenommen.

Schiffsname	GUAYAS
Baujahr	1976
Konstrukteur	Senermar, Madrid
Bauwerft	Astilleros y Talleres Celaya (ASTACE), Bilbao, Spanien
Eigentümer	Ecuadorianische Marine
Flaggenstaat	Ecuador
Rigg	Bark
Bauart	Stahl, Teakdeck
Länge ü. a.	78,5 m
Rumpflänge	66,8 m
Länge CWL	56,1 m
Breite	10,6 m
Tiefgang	4,7 m
Tonnage	934 grt, 1397 t TM
Segelfläche	1410 qm
Maschine	1 x 700 PS General Motors
Besatzung	87 Stammbesatzung + 63 Kadetten
Jahr der Fotografie	1980
Ort der Fotografie	Kiel

GUAYAS

HELGA

HELGA lief im Jahre 1908 als Gaffelschoner vom Stapel und war für die Handelsschiffahrt auf dem schwedischen Vänern- und Vätternsee sowie den angrenzenden Wasserwegen bestimmt. Ihr Löffelbug und das Spiegelheck zeigen typisch schwedische Linienführung. Rumpf, Spanten und Decksbalken sind aus Eiche, das Deck war ursprünglich aus Pitchpine.

1959 wurde ihr Rigg bis auf den Schonermast entfernt, der nur noch als Lademast diente. Als Motorfrachter lief sie so bis 1969, als sie aufgelegt wurde. 1971 baute ein schwedischer Käufer sie sich zum Hausboot um. Ein Engländer erwarb sie dann 1975 und holte sie nach England, um aus HELGA wieder ein Segelschiff zu machen. Sein Vorhaben ging jedoch nicht recht voran, und er verkaufte sie an Alan Reekie, den Eigner und Skipper der Themse-Barge IRONSIDES.

Alan Reekie brachte sie nach Faversham in Kent und steckte von 1978 bis 1983 viel Geld und Arbeit in das Schiff. Die Innenbeplankung wurde erneuert, die große Lukenöffnung geschlossen und auf das alte Pitchpinedeck eine weitere, 20 Millimeter starke Lage Teakholz verlegt. Spanten wurden erneuert und die Außenhautplanken bis unter die Wasserlinie durch Pitchpine ersetzt. Auch ein neues Schanzkleid und ein neuer Kajütaufbau auf dem Achterschiff wurden eingebaut. HELGA war nun wieder als Schoner getakelt. Die Untermasten bestanden aus Stahl, Toppstengen, Klüverbaum und Spieren aus Douglasfichte, die Segel aus Duradon. 1984 bekam sie am Schonermast ein Rahtoppsegel mit Rollreff, das von Deck aus bedient werden konnte.

HELGA braucht nur zwei Personen zur Bedienung. Sie sieht wesentlich größer aus, als sie in Wirklichkeit ist. Ihre Linien und das Rigg tragen dazu bei, aber auch das freie unverbaute Deck. Auch unter Deck entsteht der Eindruck von großer Geräumigkeit. Zugunsten eines riesigen Salons hat man auf Kabinenplätze verzichtet. Ein am Anfang breiter, sich nach vorne verjüngender Gang ins Vorschiff verstärkt den optischen Eindruck der Größe noch. Auf der Backbordseite liegt eine Zweikojenkammer und ein Schreibzimmer mit Walnußsekretär, an Steuerbord eine weitere Kammer mit verschieden großen Kojen übereinander. Die größere untere Koje mag harmonischen Paaren auch als Doppelkoje genügen. Der Gang zwischen den Kabinen endet bei einer mit Vögeln und Blüten auf schwarzem Grund lackierten Doppeltür. Profanerweise führt sie nur ins Kabelgatt. Hinter dem Salon befinden sich an Backbord die Küche und an Steuerbord die Eignerkabine mit Doppelbett. Unter dem Kajütsaufbau liegt der Kartenraum.

Alan Reekie und seine Frau lebten bis zum Verkauf der HELGA 1986 an Bord. Neuer Eigner war Patrick Keen, der bereits die Themse-Barge KITTY besaß. HELGA wurde zum Liegeplatz der KITTY nach Southampton verholt, mit moderner Elektronik ausgestattet und aufwendig überholt. Unter anderem bekam sie ein ganz neues Teakdeck.

Bis 1991 segelte sie mit Hochzeitsgästen und bei Betriebsausflügen Tagestörns auf dem Solent. Dann verließ sie die britischen Gewässer, um ins Mittelmeer zu segeln. Im Kanal lief sie vor einem Sturm Guernsey als Nothafen an und fiel bei ablaufendem Wasser gegen eine Kaimauer. Nach notdürftigen Reparaturen segelte HELGA zurück nach England, wo sie im St. Katherine's Dock in London überwinterte.

Schiffsname	HELGA
Baujahr	1908
Konstrukteur	J. Hugermann
Bauwerft	J. Hugerman Werft, Viken, Malmöhuslän, Schweden
Eigentümer	Patrick E. Keen, England
Flaggenstaat	Großbritannien
Rigg	Toppsegelschoner
Bauart	Holz
Länge ü. a.	24,7 m
Rumpflänge	19,3 m
Breite	5,9 m
Tiefgang	2,4 m
Tonnage	53 grt, 29 nrt
Segelfläche	280 qm
Maschine	1 x 125 PS Scania
Besatzung	8
Jahr der Fotografie	1988
Ort der Fotografie	Isle of Wight, England

7

HENRYK RUTKOWSKI

HENRYK RUTKOWSKI wurde 1943 bis '44 als Vorpostenkutter der deutschen Kriegsmarine gebaut. Schiffe dieser Klasse wurden zu Hunderten nach den Plänen der holländischen Lotsenschoner von 1910 auf Stapel gelegt (siehe VROUWE GEERTRUIDA MAGADALENA, S. 200). Nach dem Kriege wurden viele dieser Boote zu Fischkuttern verwandelt. Da sich ihre Lotsenschonerlinien hervorragend zum Segeln eignen, sind von diesen Fischkuttern wiederum zahlreiche nach ihrer Außerdienststellung zu Segelyachten umgebaut worden. HENRYK RUTKOWSKI ist eines der wenigen Vorpostenboote, die gleich zum Segler umgebaut wurden.

Sie entstand in Swinemünde und wurde nach dem Krieg innerhalb der Reparationsleistungen von Polen übernommen. Von 1950 bis '51 wurde sie auf der Rybacka Werft in Gdingen in eine Gaffelketsch mit Pfahlmasten und großem Ruderhaus verwandelt und nach dem polnischen Widerstandskämpfer HENRYK RUTKOWSKI getauft. Ihre Indienststellung erfolgte 1951 unter der Fischereinummer „GDY-180". Sie wurde von der Vereinigung für Sport und Technologie betrieben und zur Segelausbildung junger Hochseefischer eingesetzt.

1976 legte man sie auf, da die Mittel für eine nötige Grundüberholung fehlten. 1984 wurde dann beschlossen, sie nach den Plänen von Bohdan Leonczuk auf der Reparaturwerft Rybacka in Wldadislawowo zur Brigantine umzubauen. Das hölzerne Deck wurde bei dieser Gelegenheit durch ein Stahldeck ersetzt, das mit rutschfester Farbe lackiert wurde. Anstelle des alten Ruderhauses wurde das Achterdeck um 75 Zentimeter angehoben. Aus diesem neuen Poopdeck ragt ein etwas versenkter Kartenraum, dahinter in einem geräumigen Cockpit befindet sich das Ruderrad. Im Achterschiff sind Wohnräume der Schiffsführung und Küche untergebracht, im Vorschiff wohnen die Trainees in zwei Vierbettkabinen und zwei Sechsbettkabinen mit gemeinsamer Messe. Das typisch polnische Rigg besteht aus durchgehenden Stahlmasten, festpositionierten Rahen und reichlich orangefarbenem Polypropylentauwerk im laufenden Gut.

1986 erfolgte HENRYK RUTKOWSKIs erneute Indienststellung. Ihre Schiffsführung wurde dem Segelzentrum Trzebiez übertragen. Sie fährt eine Stammbesatzung von drei Mann: Kapitän, Ingenieur und Koch, ergänzt durch zwei Offiziersanwärter als Wachoffiziere. Die Reisen werden meist von Vereinen und Jugendgruppen gebucht. Eine Altersbeschränkung gibt es nicht, und Trainees aus dem westlichen Ausland, die in harten Devisen bezahlen, waren von Anfang an herzlich willkommen. Schon vor der politischen Wende im Ostblock unternahm HENRYK RUTKOWSKI häufig Kreuzfahrten an westeuropäische Küsten.

Die Brigantine nahm am Hamburger Hafengeburtstag teil und segelte 1990 im Tall Ships Race von Plymouth über La Coruña und Bordeaux nach Amsterdam. Zusätzlich zu ihrem Charterprogramm führt sie auch Fahrten mit straffällig gewordenen Jugendlichen durch.

Schiffsname	HENRYK RUTKOWSKI
Baujahr	1944, umgebaut 1986
Bauwerft	in Swinemünde, Deutschland (heute Polen)
Eigentümer	Centralny Ośrodek Zeglarstwa Trzebiez, Polen
Flaggenstaat	Polen
Rigg	Brigantine
Bauart	Komposit, Stahldeck
Länge ü. a.	29,7 m
Rumpflänge	24,3 m
Länge CWL	21,4 m
Breite	6,4 m
Tiefgang	3,2 m
Tonnage	99 grt, 24 nrt
Segelfläche	338 qm
Maschine	1 x 121 PS Delfin
Besatzung	3 Stammbesatzung + 2 Wachoffiziere + 20 Trainees
Jahr der Fotografie	1990
Ort der Fotografie	Plymouth, England

PZŻ
PZ
5
HENRYK RUTKOWSKI

JUAN SEBASTIAN DE ELCANO

JUAN SEBASTIAN DE ELCANO ist Schulschiff der spanischen Marine. Sie wurde von Charles E. Nicholson von Camper & Nicholsons in Gosport gezeichnet und in Cadiz, Spanien, 1927 vom Stapel gelassen. Benannt wurde sie nach dem spanischen Kapitän de Elcano, der die erste Weltumsegelung abgeschlossen hatte. Die Reise startete 1519 von San Lucar mit fünf Schiffen und 270 Mann unter Kapitän Magellan, der auf den Philippinen verstarb. Offizier de Elcano setzte die Weltumsegelung fort. Er kehrte 1522 mit einem Schiff und 18 Überlebenden nach Spanien zurück.

JUAN SEBASTIAN DE ELCANO und ihr Beinahe-Schwesterschiff ESMERALDA (S. 88) waren bis zum Bau der großen Wind-Star-Luxusliner die größten schratgetakelten Segelschiffe - die größte Segelfläche besitzen sie noch heute. Jedenfalls gehören sie zu den größten existierenden Segelschiffen.

Die Segelrisse der beiden Viermaster unterscheiden sich nur geringfügig. Während die genaue Bezeichnung der ESMERALDA für viele Segler strittig ist, kann man JUAN SEBASTIAN DE ELCANO mit Fug und Recht als Toppsegelschoner betrachten.

Masten, Stengen, Bugspriet und Spieren bestehen aus Stahl. Die Maschinenabgase führen durch den Untermast des Besans ins Freie. Anfänglich besaß der Schoner zwei Deckshäuser auf dem Hauptdeck. Später wurden diese bis zum Schanzkleid verbreitert. So entstanden typische „Liverpool"-Deckshäuser. Ihren Namen tragen sie, weil diese Art der Deckshäuser Ende des vorigen Jahrhunderts zuerst auf Schiffen aus Liverpool gesehen wurden. Diese beiden „Inseln" unterteilen das Hauptdeck in drei „Welldecks", die von Laufbrücken überspannt werden, so daß eine schnelle Verbindung vom Achterdeck auf das Vorschiff möglich ist. Das Marineschulschiff ist mit vier 5,7 Zentimeter Schnellfeuerkanonen bewaffnet, die für Salutzwecke vorgesehen sind. Die Galionsfigur ist eine gekrönte Frauengestalt.

JUAN SEBASTIAN DE ELCANO verbringt viel Zeit bei der Kadettenausbildung auf See. Zusätzlich zur Segelbedienung und Seemannschaft gehören Navigation, Astronomie, Meteorologie, Marinegeschichte, Englisch, Maschinenkunde, Nachrichtentechnik und Elektronik zum Ausbildungsprogramm.

Das Schiff unternimmt häufig große Reisen. Ihre Jungfernfahrt 1928 führte sie um die ganze Welt. Bei zahlreichen Großsegler-Regatten und -Treffen war sie dabei. 1976, am Start des American Bicentennial Tall Ships Race in Bermuda, kollidierte die argentinische LIBERTAD mit dem Spanier und brach ihm Klüverbaum, mehrere Klüverstagen und die Toppstenge. JUAN SEBASTIAN DE ELCANO mußte das Rennen abbrechen, doch hatte sie ihre Schäden zur Großsegler-Parade am 4. Juli bereits wieder ausgebessert.

Zur australischen 200-Jahr-Feier 1988 war sie in Sydney dabei und 1992 war sie Flaggschiff bei der Kolumbus-Regatta von Cadiz nach Amerika.

Schiffsname	JUAN SEBASTIAN DE ELCANO
Baujahr	1927
Konstrukteur	Ch.E. Nicholson, Camper & Nicholsons, England
Bauwerft	Astilleros Echevarrieta y Larrinaga, Cadiz, Spanien
Eigentümer	Spanische Marine
Flaggenstaat	Spanien
Rigg	Viermast-Toppsegelschoner
Bauart	Stahl, Teakdeck
Länge ü. a.	112,8 m
Rumpflänge	94,1 m
Länge CWL	79,1 m
Breite	13,2 m
Tiefgang	6,9 m
Tonnage	2478 grt, 3420 td
Segelfläche	2467 qm
Maschine	1 x 1500 PS Sulzer-Bazan
Besatzung	208 Stammbesatzung + 80-100 Kadetten
Jahr der Fotografie	1976
Ort der Fotografie	New York, USA

KALIAKRA

Bulgarien bestellte in Polen ein Segelschulschiff ähnlich der polnischen Marinebarkentine ISKRA, die eine größere Schwester der POGORIA ist. Der Bau begann im Oktober 1983 in Danzig. Der Rumpf wurde kieloben in einer Halle gefertigt und vor dem Stapellauf im Januar 1984 umgedreht. Nach Ausbau und Ausrüstung übernahm sie die bulgarische Crew, die im Jahr zuvor auf der ISKRA ausgebildet worden war. Im Juni setzte sie Segel Kurs Varna am Schwarzen Meer, ihrem künftigen Heimathafen. Im Herbst begann die Ausbildung.

Zunächst hatte KALIAKRA einen verkürzten Vormast ohne Royalrah. Man befürchtete, das zusätzliche Gewicht des Teakdecks - ISKRA und POGORIA besaßen ein reines Stahldeck - würde die Stabilität beeinflussen. Daher war man bemüht, Gewicht und Segelfläche am Rigg einzusparen. Das Foto zeigt das Schiff in diesem Zustand. Doch die Befürchtungen erwiesen sich als unbegründet, und KALIAKRA erhielt bei ihrer nächsten Überholung in Danzig 1989 einen verlängerten Vormast und auch das bislang fehlende Royalsegel. Im Gegensatz zu den polnischen Werftbauten hat KALIAKRA ein senkrechtes Spiegelheck mit Heckfenstern. Die Galionsfigur ist eine Frauengestalt aus Bronzeguß. Sie stellt die bulgarische Nationalheldin Kaliakra dar, die sich im 14. Jahrhundert in den Tod stürzte, statt sich den ins Land eingefallenen Türken zu ergeben.

KALIAKRA ist vorwiegend als Segelschulschiff für die zivilen und der Marine angehörenden Kadetten der drei Seefahrtschulen in Varna gedacht. Wenn sie keine Ausbildungsfahrten unternimmt, steht sie Jugendorganisationen zur Verfügung. Als schwimmende Botschafterin des Landes nimmt sie seit 1986 an den Tall Ships Races teil, trotz der großen Anfahrtstrecken, die sie stets zurücklegen muß.

1986 segelte sie im Nordseerennen, 1987 und 1988 in der Ostsee. 1988 lief sie auf ihrem Rückweg das Oldtimerfestival in Douarnenez in Frankreich an. 1989 kam KALIAKRA mit neuem Rigg nach London zum North Sea Tall Ships Race, segelte von dort aber nach Rouen zur 200-Jahr-Feier der Französischen Revolution, ehe sie in Hamburg zum Hafengeburtstag wieder zur Flotte stieß. 1990 segelte sie in der Regatta Plymouth - La Coruña - Bordeaux.

Infolge der wirtschaftlichen Krise der ehemaligen Ostblockstaaten standen von 1990 an für Auslandsfahrten keine Mittel mehr zur Verfügung. 1991 mußte KALIAKRA daher aufgelegt werden. An der Kolumbus-Regatta 1992 hat sie dann aber teilgenommen, auch in Boston war sie dabei.

Schiffsname	KALIAKRA
Baujahr	1984
Konstrukteur	Zygmunt Choren, Polen
Bauwerft	„Pariser Kommune"- Werft, Gdingen, fertiggestellt auf der Leninwerft in Danzig
Eigentümer	Wassertransportgesellschaft, Varna, Bulgarien
Betreiber	Navigation Maritime Bulgare, Varna
Flaggenstaat	Bulgarien
Rigg	Barkentine
Bauart	Stahl, aufgesetztes Teakdeck
Länge ü. a.	48,9 m
Rumpflänge	42,8 m
Länge CWL	36,0 m
Breite	8,0 m
Tiefgang	3,8 m
Tonnage	247 grt, 74 nrt, 392 td
Segelfläche	885 qm
Maschine	1 x 310 PS Wola Warszawa
Besatzung	21 Stammbesatzung + 30 Kadetten oder Trainees
Jahr der Fotografie	1986
Ort der Fotografie	Newcastle-upon-Tyne, England

KASKELOT

Unter dem Namen KASKELOT lief die kleine Bark 1948 bei der J. Ring Andersen Werft in Svendborg vom Stapel. Ihr dänischer Name bedeutet „Potwal". Obwohl KASKELOT als Motorschiff gebaut wurde, basieren Linien und Konstruktion auf den grönländischen Walfängern, daher auch ihre erhöhte Back und das hohe Achterdeck. Sie sollte für die Königlich Dänische Grönlandgesellschaft im Küstenhandel zwischen den verstreuten Siedlungen Grönlands fahren. Deshalb war sie mit extra starken Eisspanten und Eisbeschlägen in und unter der Wasserlinie ausgerüstet. In der Folge wechselte sie häufig ihren Besitzer und fuhr unter verschiedenen Namen, unter anderem auch zwischen den Färöer Inseln.

1983 wurde sie in ziemlich heruntergefahrenem Zustand von der Clearwater Holdings Ltd von der Insel Jersey erworben. Für Robert F. Scotts Expedition mit der TERRA NOVA sollte sie zu einem Polarsegler umgebaut werden. Überholung, Umbau und Management wurden der Square Sail in Colchester übertragen, die bereits mehrere restaurierte Ostseesegler im Dienst hatte, damals die SØREN LARSEN (S. 182) und den Dreimastschoner ORION, seitdem sind noch der Gaffelschoner CARRIE und die Brigantine PHOENIX (S. 154) hinzugekommen. Die Troense Werft führte 1984 den Umbau durch, nur einige Steinwürfe von ihrer Geburtsstätte Svendborg entfernt. Sie erhielt wieder ihren ursprünglichen Namen KASKELOT. 1988 kaufte sie Robin Davies, einer der Gesellschafter der Square Sail, und registrierte sie in Bristol.

Obwohl zweckbestimmt für Filmarbeiten, ist die Bark kein verkitschtes Filmversatzstück, sondern ein ausgezeichnet getakelter seetüchtiger Segler. Im Achterschiff können elf Personen in fünf Kammern mit Salon untergebracht werden, ebenfalls achtern ist die Küche. Im Vorschiff sind in klassischer Art acht Einbaukojen und fünf weitere Klappkojen untergebracht.

Die Segelbesatzung der KASKELOT besteht aus 14 Personen. Zwölf Passagiere können auf Segelreisen untergebracht werden, 100 Deckspassagiere auf Tagestörns. Außerdem bietet ihre Luke von sechs mal 20 Metern bei Veranstaltungen, Hafenfesten und Ausstellungen Platz für bis zu 200 Personen. Dennoch ist ihre Hauptbeschäftigung die Filmarbeit.

KASKELOT bekam 1984 ihren ersten Auftrag für die Verfilmung der Serie „The Last Place on Earth". Dafür segelte sie auf zwei Reisen nach Grönland und zu den Färöern, um Scotts TERRA NOVA und Amundsens FRAM darzustellen. Im selben Jahr segelte sie in „The Stamp of Greatness", und 1985 wurde sie für die Filme „Revolution" und „Seadogs" im Stil des 18. Jahrhunderts ausgestattet. Seitdem erschien sie in vielen Filmen. 1988 wurde sie für das Oldtimerfestival in Douarnenez gechartert, im Jahr darauf für das Windjammer-Treffen in Rouen. 1991 segelte sie nach Island, um in der Verfilmung der Polarexpedition Jean Charcots die Bark POURQUOIS PAS? darzustellen. 1994 nahm sie am Windjammertreffen in Rouen teil.

Schiffsname	KASKELOT, ex-ANNE-MARIE GRENIUS, ex-ANNE MARIE, ex-ARCTIC EXPLORER, ex-KASKELOT
Baujahr	1948, umgebaut 1983-84
Konstrukteur	J. Ring Andersen
Bauwerft	J. Ring Andersen Werft, Svendborg, Dänemark
Eigentümer	Square Sail (Robin Davies), Colchester, England
Flaggenstaat	Großbritannien
Rigg	Bark
Bauart	Holz
Länge ü. a.	47,2 m
Rumpflänge	38,7 m
Breite	8,5 m
Tiefgang	3,8 m
Tonnage	226 grt, 350 tdw
Segelfläche	883 qm
Maschine	1 x 380 PS Burmeister & Wain Alpha
Besatzung	14 Stammbesatzung + 12 Passagiere oder 100 Tagesgäste
Jahr der Fotografie	1987
Ort der Fotografie	Cowes, England

KRONWERK

Seit 1809 war das Großherzogtum Finnland Teil des Russischen Reiches. Während der Russischen Revolution erklärte Finnland 1917 seine Unabhängigkeit, die 1920 von der neuen Sowjetunion anerkannt wurde. Das hinderte Stalin indes nicht, gedeckt vom Hitler-Stalin-Pakt 1939 in Finnland einzumarschieren und Ostkarelien und Teile Finnisch-Lapplands zu annektieren. Als Hitler 1941 Stalin angriff, paktierten die Finnen wiederum mit dem Dritten Reich, um ihre verlorenen Gebiete zurückzugewinnen. Jedoch unterlagen sie 1944. Stalin behielt nicht nur Teile Finnlands, sondern legte dem Land auch schwere Kriegsschulden auf. Finnland, das selbst unter den Kriegsfolgen litt, konnte dem Sieger außer Holz und Schiffbau nichts anbieten. So kam es, daß Finnland von 1946 bis 1952 einige hundert hölzerne Handelsschiffe für Rußland baute: Barkentinen, Dreimastschoner, Galeassen. Die KRONWERK auf der gegenüberliegenden Seite ist eines dieser Schiffe. Die meisten transportierten später Sand, Steine, Holz und andere Baumaterialien für den Wiederaufbau der zerstörten baltischen Küstenstädte, da sogar die meisten Straßen nicht mehr passierbar waren. Im Gegensatz zu diesen Handelsschiffen wurde KRONWERK, die ehemalige SIRIUS, zu einem Segelschulschiff für sowjetische Seeleute umgebaut.

Die finnischen Schiffe lebten nicht lange. Sie bestanden aus Tanne und Fichte, schlechtem Material für den Rumpfbau, das zudem meist zur falschen Zeit geschlagen und nicht genügend gelagert worden war. Zudem läßt sich denken, daß die finnischen Schiffbauer diese Plichtbauten nicht gerade mit besonders viel Liebe verrichteten. Den Rest besorgte die sowjetische Art und Weise der Instandhaltung. Schnell fielen die Schiffe wieder auseinander - manche begannen damit schon auf dem Helgen.

KRONWERK wurde in Leningrad, heute St. Petersburg, aufgelegt und diente von da an als Restaurantschiff. Der überdimensionale Löwenkopf als Galionsfigur hängt offensichtlich mit dem Umbau zur neuen Zweckbestimmung zusammen.

Das einzige Schiff aus dieser Zeit, das heute noch im Dienst ist, wurde 1952 als Dreimast-Rahschoner ZARJA aus nichtmagnetischen Materialien erbaut. Sie dient als geomagnetisches Forschungsschiff und wird vom Ozeanographischen Institut in St. Petersburg unterhalten. 1975 wurde sie zum Bermuda-Schoner mit Aluminiummasten umgetakelt und 1983 in Antwerpen noch einmal grundüberholt.

Bis 1982 segelte außerdem der Dreimast-Bermuda-Schoner KODOR als Schulschiff für Schiffsingenieure, bis sie über die Wolga und Kanäle nach Baku am Kaspischen Meer verholt wurde, wo auch sie als schwimmendes Restaurant verwendet wird. Außerdem existieren vermutlich noch drei Segelschiffe, die vor etwa zehn Jahren aufgelegt wurden: die VEGA II, die KIHNU JOHN und die NADESZDA. Das ist alles, was von der riesigen Flotte von 600 bis 800 Windjammern übriggeblieben ist, die Finnland für die Sowjetunion gebaut hatte. Die Geschichte dieser Fahrzeuge muß noch geschrieben werden.

Schiffsname	KRONWERK, ex-SIRIUS
Baujahr	1948
Bauwerft	Laivateollisuus Werft, Åbo, Finnland
Flaggenstaat	Rußland
Rigg	Barkentine
Bauart	Holz
Rumpflänge	44,0 m
Breite	8,9 m
Tiefgang	3,3 m
Tonnage	322 grt, 41 nrt, 55 tdw
Maschine	entfernt, ursprünglich ostdeutscher Hilfsdiesel
Jahr der Fotografie	1976
Ort der Fotografie	Leningrad (heute St. Petersburg), Rußland

КРОНВЕРК

KRUSENSTERN

1926 wurde die Viermastbark PADUA für den Hamburger Reeder F. Laeisz gebaut. Sie war der letzte Kap Hoorner, der vom Stapel lief. Obwohl als reines Handelsschiff konzipiert, hatte sie Unterbringungsmöglichkeiten für 40 Kadetten. Zunächst segelte sie noch in der Salpeterfahrt nach Chile. Als es 1932 mit dem Nitrathandel zu Ende ging, wurde sie vorübergehend aufgelegt. Mit staatlicher Hilfe stellte man sie anschließend wieder in Dienst. So segelte sie bis zum Beginn des Zweiten Weltkrieges in der australischen Weizenfahrt. Den Krieg verbrachte sie aufgelegt in Flensburg.

1946 wurde sie den Sowjets als Reparation übergeben und nach Swinemünde geschleppt. Man nannte sie nach dem russischen Seeoffizier und Entdecker Adam Johann von Krusenstern. Bis 1959 war sie offiziell Teil der sowjetischen Ostseeflotte, doch sie blieb aufgelegt im Hafen. Erst 1959 bis 1961 wurde sie grundüberholt und umgebaut. Dabei erhielt sie auch ihre erste Maschine.

Von 1961 bis 1965 diente sie der hydrographischen Abteilung der Sowjetmarine als ozeanographisches Forschungsschiff und segelte im Atlantik, in der Karibik und im Mittelmeer. Gleichzeitig wurden an Bord Marinekadetten ausgebildet. Damals war ihr Rumpf weiß.

1965 wurde sie dem Fischereiministerium in Riga unterstellt und begann ihre Laufbahn als Schulschiff für Offiziersanwärter der Hochseefischerei. Von 1968 bis 1972 wurde sie grundüberholt und modernisiert. Dabei verlängerte man das Poopdeck bis zum Liverpoolhaus und baute eine neue Maschine ein. Ihr Rumpf wurde schwarz gestrichen mit weißem Band und aufgemalten Geschützpforten. 1972 nahm die KRUSENSTERN ihre Ausbildungsfahrten mit Offiziersanwärtern der Fischereischulen wieder auf.

1974 nahmen sie und die TOVARISHCH (S. 190) als erste sowjetische Segelschiffe am Tall Ships Race teil und bekam den Cutty Sark Freundschaftspreis zugesprochen. 1976 nahm sie dann am US Bicentennial Transatlantic Tall Ships Race teil, allerdings mit der geheimen Order, unter allen Umständen zu gewinnen. Unter nicht zu verheimlichender Benutzung der Hilfsmaschine „gewann" „Dieselstern", wie man sie sofort spöttisch nannte, das Rennen. Bei der Verleihung des Preises regte sich bei der versammelten Segelschiffscrew jedoch keinerlei Applaus. Dieses peinliche Signal erreichte auch die sowjetische Einsatzleitung. Von da an war KRUSENSTERN als fair segelnde und sehr populäre Teilnehmerin häufig auf Großsegler-Regatten anzutreffen. Von 1990 an nahm sie, dem Beispiel der SEDOV (S. 172) folgend, auch in Devisen zahlende Trainees aus westlichen Ländern in ihre Besatzung auf.

Von 1980 an war sie in Tallinn registriert. Als sich im April 1991 Estland von der Sowjetunion trennte, wurde KRUSENSTERNs Registrierung nach Kaliningrad (Königsberg) verlegt. Das Fischereiministerium der UdSSR wurde im November 1991 aufgelöst, doch dessen Aufgaben, eingeschlossen der Bereederung der KRUSENSTERN, wurden im Februar 1992 vom russischen Fischereiministerium übernommen.

An der Kolumbus-Regatta hat KRUSENSTERN teilgenommen. In New York lag sie in Brooklyn an der Pier 8 zusammen mit SEDOV, DAR MLODZIEZY, KALIAKRA und MIR.

Schiffsname	KRUSENSTERN, ex-PADUA
Baujahr	1926
Konstrukteur	J.C. Tecklenborg
Bauwerft	J.C. Tecklenborg, Wesermünde
Eigentümer	Russisches Fischereiministerium
Betreiber	Seefahrtschule Kaliningrad
Flaggenstaat	Rußland
Rigg	Viermastbark
Bauart	Stahl, Holzdeck
Länge ü. a.	114,5 m
Rumpflänge	104,3 m
Länge CWL	95,5 m
Breite	14,1 m
Tiefgang	7,2 m
Tonnage	3545 grt, 607 nrt, 3185 t TM, 5725 td (beladen)
Segelfläche	3655 qm
Maschine	2 x 800 PS Rusky Diesel auf Doppelschrauben
Besatzung	76 Stammbesatzung + 202 Kadetten
Jahr der Fotografie	1974
Ort der Fotografie	Cowes, England

РУ-0702
Крузенштерн

LADY ELLEN

Die charaktervolle Yacht wurde von ihren ursprünglichen Eignern Lars und Lars-Erik Johansson selbst konstruiert. Vater und Sohn waren beide Schiffahrtsunternehmer aus einer alten schwedischen Reedersfamilie und besaßen bereits den hölzernen Ostseeschoner HAMLET, der für Gästecharter umgebaut war.

Rigg und Linien der LADY ELLEN lehnten sich an den Handelsschoner ELLEN an, der, 1890 gebaut, der Familie Johansson in der Holzfahrt und im Englandhandel diente. Schnell und handlich, wurde er von ihren Eignern sehr geschätzt. Später verkaufte man ihn nach Amerika, wo sich sein Kielwasser verliert.

Unter Klassifizierung und Aufsicht des Norske Veritas wurde LADY ELLEN 1982 in Malmö vollkommen aus Stahl gebaut. Doch Deck und Deckshäuser sind teakbeplankt und -verkleidet, und bei ihrem Bau wurde genügend tropisches Hartholz verwendet, um eine kleinere ökologische Katastrophe zu verursachen. Zur Erinnerung an ihre hölzerne Vorfahrin wurden Längsnähte in ihre Stahlbeplattung gefräst, die wie Plankennähte aussehen sollen. Im übrigen entspricht die Linienführung einem alten Ostseefahrer, mit dem typischen Heck, ausgeprägtem Sprung, Klipperbug, langem Kiel, großer Völligkeit und Formstabilität. Die Beibehaltung traditioneller Linien ging bei LADY ELLEN nicht auf Kosten der Geschwindigkeit. Unter erstklassigen Segelbedingungen lief sie bereits an die 18 Knoten.

Das Rigg entspricht ebenfalls klassischem Vorbild. An Masten und Spieren aus Oregon kann der Schoner 1200 Quadratmeter Segel setzen: fünf Klüversegel, drei Rahsegel, drei Gaffelsegel, zwei Gaffeltoppsegel und ein Großtoppstagsegel, für Raumkurse zusätzlich ein großes Fockrahsegel. Vom weitgehend unverbauten Vordeck erhebt sich das Poopdeck um 75 Zentimeter.

Im mäßig dimensionierten mittleren Deckshaus sind Deckssalon, Decksdusche und Toilette untergebracht sowie der Niedergang zu den Wohnräumen unter Deck. Dahinter, auf dem Achterdeck, befindet sich das Ruderrad mit gepolsterten Sitzbänken. Vom Kartenraum im Deckshaus am Heck führt der Niedergang zur Kapitänskajüte. In den Kabinen unter Deck ist Platz für 14 Gäste, einen geräumigen Salon von 51 Quadratmetern, eine große Küche, zwei Kühlräume und Crewkammern für acht Mann Besatzung.

Die Kiellegung erfolgte 1980 auf der Kokums Werft in Malmö. Der Ausbau und das Rigg stammen von der Firma Vindö Marin. Das Schiff ist mit umfangreicher Elektronik und der modernen Technik einer Luxusyacht ausgestattet, inklusive einer Videothek, einer Ausrüstung für alle Arten des Wassersports und einem Satellitentelefon.

Die erste Charter ging 1982 nach Westindien. 1984 segelte LADY ELLEN nach Quebec zu den Feierlichkeiten des 450. Jahrestages der Entdeckung Kanadas durch Jaques Cartier. Danach segelte sie in der Karibik und im Mittelmeer.

1990 wurde ihre Inneneinrichtung vollständig erneuert. Aufgrund wirtschaftlicher Probleme der Betreiber lag LADY ELLEN für einige Zeit in San Remo auf. Inzwischen segelt der Schoner wieder Chartergäste.

Schiffsname	LADY ELLEN
Baujahr	1982
Konstrukteur	K.B. Lars Johansson Shipping, Schweden
Bauwerft	Kokums Werft, Malmö, und Vindö Marin, Schweden
Eigentümer	Ackordscentralen, Göteborg, Schweden (Konkursverwalter)
Flaggenstaat	Schweden
Rigg	Dreimast-Toppsegelschoner
Bauart	Stahl, aufgesetztes Teakdeck
Länge ü. a.	54,5 m
Rumpflänge	43,0 m
Länge CWL	36,0 m
Breite	7,9 m
Tiefgang	3,4 m
Tonnage	229 grt, 130 nrt
Segelfläche	1200 qm
Maschine	1 x 550 PS Fiat-Allis
Besatzung	8 Stammbesatzung + 14 Passagiere
Jahr der Fotografie	1984
Ort der Fotografie	Quebec, Kanada

LEEUWIN II

LEEUWIN, ohne die Zwei, die nur in den offiziellen Schiffspapieren erscheint, ist Australiens größtes Segelschulschiff. Sie entstand aus einem Projekt, das bereits 1974 ins Leben gerufen wurde. Man beabsichtigte, der australischen Jugend ein Schwesterschiff der neuseeländischen Brigantine SPIRIT OF ADVENTURE zur Verfügung zu stellen. Doch mangels Unterstützung wurde nicht viel daraus, bis man 1981 im Hinblick auf die australische 200-Jahr-Feier 1988 wieder aktiv wurde. Es war ein langer Weg, die Mittel aufzutreiben, bis die Ausrichter der Veranstaltung schließlich 700.000 Australische Dollar zuschossen. Weitere Mittel flossen aus einem Chartervertrag über 600.000 Australische Dollar, nach dem das Segelschiff 1986 bis '87 für fünf Monate nach Freemantle zu den Ausscheidungregatten des America's Cup segeln sollte. Andere Zuschüsse kamen unter anderem von der Sail Training Association of Western Australia und der Werft, die den Bau zu Selbstkosten durchführen wollte.

Kieloben wurde der Rumpf gebaut und ebenso vom Stapel gelassen. Im Wasser wurde der Rumpf aufgerichtet und zur Vervollständigung und Ausrüstung wieder aufgeslippt. Der zweite und offizielle Stapellauf erfolgte im August 1986. Die Barkentine wurde nach der holländischen Galeone LEEUWIN (Löwin) getauft. Als erstes Schiff rundete sie 1622 das südwestliche Kap Australiens, das seitdem ihren Namen trägt: Kap Leeuwin. Die Zwei im Namen der Barkentine rührt nicht von dem holländischen Schiff her, sondern von dem Umstand, daß eine kleine Yacht mit diesem Namen bereits im australischen Schiffsregister geführt wurde.

Im September 1986 wurde LEEUWIN in Dienst gestellt und segelte gleich als Beobachterschiff zu den America's Cup Regatten. Später wurde ihre eichengetäfelte Inneneinrichtung wieder entfernt und statt dessen Unterkünfte für eine Stammbesatzung von fünf bezahlten und zwölf zahlenden Seeleuten und 40 Kadetten geschaffen. Ihre Jungfernreise als Segelschulschiff unternahm LEEUWIN im Mai 1987 nach Albany.

Üblicherweise segelt sie Zehntagetörns mit jungen Männern und Frauen im Mindestalter von 15 Jahren. Anfänglich lag der Schwerpunkt der Ausbildung auf Vermittlung von seemännischen Grundkenntnissen, doch seit 1989, unter einem neuen Kapitän, liegt der Schwerpunkt auf Persönlichkeitstraining, wobei den Trainees auch Entscheidungsverantwortung übertragen wird. Nach sieben Tagen Grundausbildung wählen sie Steuerleute aus den eigenen Reihen und führen das Schiff selbständig. Nur im Notfall greift die reguläre Schiffsführung der LEEUWIN II ein. Auch werden immer wieder Tagestörns eingelegt, in denen die Schiffsführung gänzlich von kompetenten Trainees gebildet wird und die Stammbesatzung an Land bleibt.

Zu 90 Prozent wird diese Art von Ausbildungstörns mit Jugendlichen abgehalten, die übrigen zehn Prozent erfolgen auf ähnliche Weise mit Angehörigen von Unternehmen, die Persönlichkeitstraining und Teamarbeit unter Segelbedingungen üben wollen. Kürzlich wurde auch die Crew der neuen japanischen Schulbrigantine KAISEI auf der LEEUWIN ausgebildet. Durch die Einnahmen aus diesen Aktivitäten und ein nüchternes Management ist es der LEEUWIN gelungen, innerhalb von fünf Jahren nach dem Stapellauf alle Verbindlichkeiten zurückzuzahlen.

Trotz 12.000 Meilen westaustralischer Küstenlinie verläßt LEEUWIN selten die heimischen Gewässer. 1988 nahm sie am Sydney-Hobart Tall Ships Race teil, und 1990 segelte sie im Regattafeld von Freemantle nach Bali.

Schiffsname	LEEUWIN II
Baujahr	1986
Konstrukteur	Len Rendell
Bauwerft	Australian Shipbuilding Industries Pty Ltd, South Coogee, Westaustralien
Eigentümer	Leeuwin Sail Training Foundation Ltd
Flaggenstaat	Australien
Rigg	Barkentine
Bauart	Stahl, aufgesetztes Teakdeck
Länge ü. a.	55,0 m
Rumpflänge	41,5 m
Länge CWL	33,4 m
Breite	9,0 m
Tiefgang	3,4 m
Tonnage	236 grt, 99 nrt, 300 td
Segelfläche	943 qm
Maschine	2 x 230 PS Detroit auf Doppelschrauben
Besatzung	13 Crew + 40 Trainees
Jahr der Fotografie	1986
Ort der Fotografie	Perth, Westaustralien

LIBERTAD

Bei der argentinischen Marine hat Segelschiffsausbildung lange Tradition. Die Korvette LA ARGENTINA, das erste Schulschiff, lief 1884 vom Stapel, ihr folgte die Dampfkorvette PRESIDENTE SARMIENTO mit Vollschiffrigg. Sie wurde in Birkenhead, England, 1887 vom Stapel gelassen und im folgenden Jahr in Dienst gestellt. Als sie schließlich nach 63 Dienstjahren als Museumsschiff in Buenos Aires aufgelegt wurde, hatte sie 1.100.000 Meilen in ihrem Kielwasser, für ein Schulschiff ein einsamer Rekord.

Sie wurde von der LIBERTAD ersetzt. Deren Kiellegung erfolgte im Dezember 1953, Stapellauf war im Mai 1956 und Indienststellung im Mai 1960. Im Mai 1963, fast zehn Jahre nach der Kiellegung, setzte sie Segel zur Jungfernreise. Sie ist die letzte der Generation von Segelschulschiffen, deren Konstruktionen direkt auf die großen motorlosen Windjammer zurückgeht.

Der Bau der GLORIA (S. 102) markierte den Beginn der nächsten Generation von Segelschulschiffen mit „dekadenteren" Merkmalen wie geschlossener Kommandobrücke und riesigen Decksaufbauten, die deutlich machen, daß man sich nun im Zweifel mehr auf die Maschine als auf die Segel verläßt.

Die Galionsfigur der LIBERTAD stellt eine allegorische Freiheitsgestalt in fließendem Gewand dar. Das durchgehende Flushdeck trägt zwei große Deckshäuser, die den kommenden Trend schon ankündigen. Das vordere Deckshaus wird von einer geschlossenen Kommandobrücke überragt, obwohl auch über dem Ruder auf dem Achterdeck ein Ruderstand existiert.

Dennoch ist LIBERTAD ein schneller Segler. 1966 brach sie den Rekord von Kap Race, Kanada, zur Linie Dublin-Liverpool. Sie durchsegelte die 2059-Meilen-Strecke in acht Tagen und zwölf Stunden und loggte durchschnittlich über zehn Knoten. Auf der selben Reise überbot sie den 124-Stunden-Rekord für Segelschulschiffe mit 1335 Meilen, wofür LIBERTAD die Boston Teapot Trophy erhielt. Ihre Höchstgeschwindigkeit wurde mit 18,5 Knoten geloggt.

Üblicherweise segelt LIBERTAD Sechsmonatsreisen mit Marinekadetten. Ihre Jungfernreise brachte sie 1963 nach Puerto Rico, den Bahamas, Lissabon, Le Havre, Hamburg, London, Cadiz und Dakar. 1964 nahm sie am Tall Ships Race von Lissabon nach Bermuda teil und an der New York OpSail. 1970 segelte sie nach Sydney zur 200-Jahr-Feier der Entdeckung von Neusüdwales. 1976 war sie beim US Bicentennial Tall Ships Race dabei und hatte die bekannte Havarie mit der JUAN SEBASTIAN DE ELCANO (S. 116). Die Jahre 1975 und 1979 war sie in London, und zuletzt besuchte sie Großbritannien 1981 auf einer Reise, die sie auch nach Brasilien, Westindien, in die USA, nach Kanada, England, Dänemark, Deutschland, Frankreich, Portugal, Spanien, Tunesien und Uruguay führte. 1984 segelte sie in der Regatta von Bermuda nach Halifax, danach lief sie Quebec an. 1986 sah man sie auf der OpSail in New York und beim anschließenden Nordseerennen in Bremerhaven. LIBERTAD nahm an der Sail '89 in Hamburg und der Sail '90 in Bremerhaven teil. 1992 segelte das Vollschiff die Kolumbus-Regatta, 1994 war sie Teilnehmerin am Windjammertreffen in Rouen.

Schiffsname	LIBERTAD
Baujahr	1956
Bauwerft	A.F.N.E. Marinewerft, Rio Santiago, Argentinien
Eigentümer	Argentinische Marine
Flaggenstaat	Argentinien
Rigg	Vollschiff
Bauart	Stahl, aufgesetztes Teakdeck
Länge ü. a.	105,2 m
Rumpflänge	91,8 m
Länge CWL	80,0 m
Breite	13,8 m
Tiefgang	6,7 m
Tonnage	2587 t TM, 3720 td
Segelfläche	2652 qm
Maschine	2 x 1200 PS Sulzer auf eine Schraube
Besatzung	263 Stammbesatzung + 88-150 Kadetten
Jahr der Fotografie	1976
Ort der Fotografi	Newport, Rhode Island, USA

LORD NELSON

Der Rahsegler LORD NELSON ist in Konstruktion und Ausrüstung in erster Linie auf die Bedürfnisse und Möglichkeiten von Körperbehinderten zugeschnitten, die gleichberechtigt an der Bedienung und Führung des Schiffes teilhaben können. Die eine Hälfte der Traineekojen ist für Körperbehinderte, die andere Hälfte für physisch Gesunde vorgesehen. Je ein Behinderter und ein Gesunder arbeiten paarweise zusammen. Das Mindestalter für die Teilnahme an derartigen Törns liegt bei 16 Jahren, eine Obergrenze gibt es nicht.

Das breite, hindernisfreie Flushdeck ist mit Schienen versehen, auf denen sechs Spezialrollstühle laufen. Sie können beim Überholen weder umfallen noch gegen das Schanzkleid geworfen werden. Sogar die flache, breite Bugsprietkonstruktion ist für sie zugänglich. Anstelle von Sülls an den breiten Eingangstüren zu den Innenräumen liegen Grätinge über großen Sielen. Sie nehmen überkommendes Wasser auf, ehe es in die Aufbauten dringen kann. Auch die Kommandobrücke ist allen zugänglich. Es kann sitzend gesteuert werden, es gibt einen akustischen Kompaß für Blinde, einen Kartentisch für Prothesenträger und einen Radioempfänger mit tastbaren Frequenzschaltern. Das Radar hat einen extra großen und hellen Schirm für Sehbehinderte.

Optische Signaltafeln für Taube, Mikrophone für die Blinden und viele ausgeklügelte Hilfen mehr ermöglichen den Mitseglern, trotz ihrer Handicaps aktiv im Borddienst mitzuwirken. Selbst Küche und Maschinenraum sind für Rollstühle zugänglich, und die sanitären Einrichtungen sind natürlich den besonderen Anforderungen entsprechend eingerichtet. Zur Stammbesatzung zählt eine speziell ausgebildete Krankenschwester, die eine auf die Erfordernisse eingerichtete Krankenstation betreut. Alle Stagsegel und Toppsegel können mit Rollreffs von Deck aus bedient werden, und für diejenigen, die nicht fähig sind, über die Wanten aufzuentern, gibt es spezielle Kletterhilfen. Auch das Beiboot der LORD NELSON ist eine Sonderkonstruktion.

Die Jungfernreise fand im Oktober 1986 statt, doch gab es noch eine Menge technischer Probleme zu lösen. Die notwendigen Änderungen wurden auf der Coles Werft in Cowes vorgenommen, ehe die LORD NELSON 1987 ihr fahrplanmässiges Trainingsprogramm aufnahm. Die Törns finden von Ostern bis Oktober innerhalb der Küstengewässer statt und dauern drei bis 15 Tage. Häufig werden auch Häfen auf dem Kontinent angelaufen.

Den Winter 1988 bis '89 verbrachte LORD NELSON in der Karibik und unternahm von Grand Bahama aus Törns mit Behinderten aus Großbritannien und den Bahamas. In den folgenden Wintern operierte die Bark von Puerto Rico auf Gran Canaria aus. Bei Tall Ships Races ist die LORD NELSON nicht unter den Konkurrenten, doch begleitet sie sie gelegentlich und 1992 begrüßte sie in Liverpool die Teilnehmer der Kolumbus-Regatta aus Boston.

Schiffsname	LORD NELSON
Baujahr	1984-86
Konstrukteur	Colin Mudie
Bauwerft	James W. Cook & Co., Wyvenhoe, fertiggestellt von Vosper Thornycroft UK Ltd, Southampton
Eigentümer	The Jubileee Sailing Trust, Southampton, England
Flaggenstaat	Großbritannien
Rigg	Bark
Bauart	Stahl, aufgesetztes Teakdeck
Länge ü. a.	54,7 m
Rumpflänge	42,8 m
Länge CWL	37,0 m
Breite	9,0 m
Tiefgang	4,1 m
Tonnage	368 grt, 110 nrt, 490 td
Segelfläche	1000 qm
Maschine	2 x 260 PS Mitsubishi Herald auf Doppelschrauben
Besatzung	10 Stammbesatzung + 40 Trainees
Jahr der Fotografie	1989
Ort der Fotografie	Cowes, England

MALCOLM MILLER

Der Bau der MALCOLM MILLER wurde durch die Großzügigkeit und das Engagement von Sir James Miller ermöglicht, damals Lord Mayor of London, der die Hälfte der notwendigen Bausumme von 170.000 Pfund Sterling spendete und für die andere Hälfte Geldgeber fand. Das Schiff wurde nach seinem Sohn Malcolm genannt, der 1966 bei einem Verkehrsunfall ums Leben kam.

Die Kiellegung der MALCOLM MILLER erfolgte im März 1967, der Stapellauf im folgenden Oktober. Am 10. März 1968 wurde sie in Dienst gestellt und setzte am selben Tag Segel zur Jungfernreise. Im August 1968 beim Tall Ships Race von Göteborg nach Kristiansand traf sie erstmalig ihr Schwesterschiff, die SIR WINSTON CHURCHILL (S. 180). Die Schiffe sind nahezu identisch und am ehesten durch ihre Segelnummern zu unterscheiden, „TS/K1“ für SIR WINSTON CHURCHILL, „TS/K2“ für MALCOLM MILLER. Weitere Unterscheidungsmerkmale sind die Galionsfiguren, ein roter englischer und ein roter schottischer Löwe, und die Form der Deckshaustüren.

Die Schiffsführungscrews bestehen aus je fünf Mann fester Stammbesatzung, dem Kapitän, dem Ersten Offizier, dem Bootsmann, einem Ingenieur und einem Koch und je elf für das Vergnügen bezahlenden „Volunteers“. Außerdem steht für beide Schoner noch eine Ersatzcrew in Bereitschaft.

Die „Volunteers“, auch Achtergäste genannt, setzen sich aus drei Wachoffizieren und einem Navigator zusammen, die alle nautische Patente besitzen. Dazu kommen ein Zahlmeister und sein Assistent sowie drei Wachführer. Der Bootsmannsmaat und der Kochsmaat sind ehemalige Trainees zwischen 17 und 24 Jahren.

Die Trainees selbst sind zwischen 16 und 24 Jahren alt. SIR WINSTON CHURCHILL verursachte eine kleine Sensation, als sie 1972 mit einer Traineecrew von Mädchen an dem Tall Ships Race teilnahm. Heute werden etwa die Hälfte der Reisen mit Mädchen und jungen Frauen durchgeführt, außerdem gibt es noch gemischte Törns. Für die Kojen müssen die Trainees bezahlen, doch werden viele von Ihren Arbeitgebern oder anderen Gönnern gesponsert.

Die Törns dauern normalerweise zwei Wochen, abgesehen vom ersten und letzten Törn der Saison, die eine Woche dauern und für Erwachsene reserviert sind. Doch hat die Nachfrage unter Jugendlichen in den letzten Jahren nachgelassen, das größere Angebot und Finanzierungsfragen mögen dabei eine Rolle spielen. Deshalb werden immer häufiger einwöchige Erwachsenentörns eingeflochten.

Außerhalb der Windjammer-Regatten sieht man die Schwesterschiffe selten zusammen. Sie sind an gegenüberliegenden Küsten stationiert. Zumeist bleiben sie in heimischen Gewässern. Nur einmal nahm SIR WINSTON CHURCHILL 1976 an der Transatlantik-Regatta teil. Doch für die meisten Jugendlichen, für die die Schiffe ja konzipiert sind, sind die mit solchen Reisen verbundenen hohen Kosten nicht erschwinglich.

Schiffsname	MALCOLM MILLER
Baujahr	1967
Konstrukteur	Camper & Nicholsons, Southampton, England
Bauwerft	John Lewis & Sons Ltd, Aberdeen, Schottland
Eigentümer	Sail Training Association Schooners, Portsmouth, England
Flaggenstaat	Großbritannien
Rigg	Dreimast-Toppsegelschoner
Bauart	Stahl, Teakdeck
Länge ü. a.	45,7 m
Rumpflänge	41,2 m
Länge CWL	32,0 m
Breite	8,1 m
Tiefgang	4,8 m
Tonnage	219 grt, 40 nrt, 299 t TM
Segelfläche	817 qm
Maschine	2 x 135 PS Perkins auf Doppelschrauben
Besatzung	16 Crew + 39 Trainees
Jahr der Fotografie	1972
Ort der Fotografie	Kiel

TS
K2

MARIA ASUMPTA

MARIA ASUMPTA wurde im Jahre 1858 in Badalona bei Barcelona gebaut. Wenn man sie heute sieht, ist es schwer vorstellbar, daß dieses Schiff schon in einer Zeit segelte, als sich extrem gebaute Klipper um Kap Hoorn kämpften, als Hunderte von hölzernen Walfangschiffen die Südsee furchten, als die Zeit der Eisenschiffe noch in der Zukunft lag und als auf den Baumwollfeldern des amerikanischen Südens Sklaven arbeiteten. Behauptungen, die MARIA ASUMPTA sei selbst im Sklavenhandel engagiert gewesen, sind durch nichts begründet, aber ähnliche Schiffe transportierten noch bis in die 60er Jahre des 19. Jahrhunderts Sklaven von der afrikanischen Westküste nach Kuba.

MARIA ASUMPTA wurde als Brigg oder Brigantine gebaut und im Handel mit den spanischen Kolonien in Lateinamerika eingesetzt, von denen Kuba die bedeutendste war. Sie transportierte Wein, Olivenöl, Getreide und Kurzwaren in die Kolonien und brachte Rohrzucker, Melasse, Rum und Tabak zurück nach Spanien.

So segelte sie bis 1930. Dann wurde sie zum Schoner umgetakelt, bekam einen Hilfsmotor und segelte von nun an als „Moto-velero", als Motorsegler an den Küsten Westeuropas und in der Mittelmeerfahrt. Irgendwann hieß sie PEPITA, und 1953 wurde sie in CIUDAD DE INCA umgetauft. Sie fuhr noch als Handelsschiff, als Neil Armstrong die ersten Schritte auf der Mondoberfläche machte, allerdings nunmehr als Küstenmotorschiff mit Ruderhaus und ohne Masten. 1978 wurde sie endgültig aufgelegt.

Ihr Eigner beabsichtigte, sie zu versenken, als sie 1980 von zwei Engländern entdeckt wurde. Mark Litchfield und Robin Cecil-Wright besaßen bereits die Bark MARQUES (siehe übernächste Seite). Sie kauften CIUDAD DE INCA zum Preis ihrer Maschine. Unter Motor verholten sie sie von Malaga nach Barbate de Franco westlich von Gibraltar, wo sie innerhalb von 18 Monaten grundüberholt und wieder aufgetakelt wurde. Ein Drittel der Spanten und die Hälfte der Beplankung wurden dabei erneuert.

Im Juni 1982 setzte die wiederauferstandene Brigg Segel Kurs England. Auf der Überreise zeigte sie bemerkenswerte Segeleigenschaften. Den Sommer verbrachte sie zusammen mit MARQUES auf einer Trainee-Reise rund um die britischen Inseln. Im folgenden Jahr wurde sie für die Produktion des Filmes „The Master of Ballantrae" gechartert. Sie segelte nach Portugal und zurück und machte einige Abenteuertörns mit Gästen, ehe sie, wieder zusammen mit MARQUES, zu den Kanarischen Inseln aufbrach und von dort aus im Januar 1984 in die Karibik.

Die beiden Segelschiffe nahmen am Tall Ships Race von Puerto Rico über Bermuda nach Halifax teil. Als sie Bermuda verlassen hatten, bekam die CIUDAD DE INCA Nachricht vom tragischen Untergang der MARQUES. Mark Litchfield, der Kapitän, ließ sofort umdrehen zurück nach Bermuda. Einige Tage später segelte CIUDAD DE INCA unter einem anderen Skipper direkt nach Toronto, wo eine neue Charter auf sie wartete. Mehr als drei Jahre verbrachte sie anschließend auf den Großen Seen in Kanada, ehe sie im November 1987 in Halifax wieder Salzwasser schmeckte. Im Frühjahr überquerte sie den Nordatlantik Kurs England, vermutlich das älteste Schiff, das diese Überfahrt je unternahm.

An ihrem 130. Geburtstag bekam sie ihren alten Namen MARIA ASUMPTA zurück. 1988 nahm sie am Oldtimertreffen in Douarnenez in Frankreich teil und war auch 1994 beim Windjammertreffen in Rouen Teilnehmerin. Seit ihrer Rückkehr nach Europa segelt sie für Werbeveranstaltungen und auf Segelschultörns.

Schiffsname	MARIA ASUMPTA, ex-CIUDAD DE INCA, ex-PEPITA, ex-MARIA ASUMPTA
Baujahr	1858, restauriert 1981-82
Bauwerft	in Badalona, Spanien
Eigentümer	Mark Litchfield, England
Betreiber	Yalefleet Ltd, Maidstone, Kent
Flaggenstaat	Großbritannien
Rigg	Brigg
Bauart	Holz
Länge ü. a.	38,1 m
Rumpflänge	29,9 m
Länge CWL	26,8 m
Breite	7,6 m
Tiefgang	3,1 m
Tonnage	127 grt, 73 nrt, 260 td
Segelfläche	790 qm
Maschine	2 x 175 PS Dorman auf eine Schraube
Besatzung	8-16 Crew und Gastsegler
Jahr der Fotografie	1988
Ort der Fotografie	Cowes, England

MARQUES

Der zweimastige Mallorca-Schoner MARQUES war ein typischer Mittelmeerfahrer. Die erste Maschine wurde 1928 eingebaut. Während des Spanischen Bürgerkrieges erhielt der Schoner Bombentreffer, aber 1940 hatte man ihn wiederhergestellt, und seitdem fuhr er vor allem Bierladungen von Tarragona nach Mallorca. 1960 bekam MARQUES neue Kelvin-Maschinen, die die Besegelung nun überflüssig machten. 1970 wurde sie in La Palma aufgelegt.

Robin Cecil-Wright erwarb das Schiff 1972, setzte es wieder instand und takelte es als Brigantine. Von 1974 bis '76 hielt MARQUES sich in Cornwall auf und wurde an verschiedene Filmproduktionen verchartert wie „The Onedin Line" und „Poldark".

1976 wurde Mark Litchfield Teilhaber von Robin Cecil-Wright. Um in der BBC-Fernsehproduktion „The Voyage of Charles Darwin" HMS BEAGLE darstellen zu können, wurde MARQUES als Bark getakelt. So umsegelte sie für den Film von 1977 bis '78 ganz Südamerika durch die Magellanstraße. Nach ihrer Rückkehr nach England nahm sie am Tall Ships Race von Great Yarmouth nach Oslo teil. Anschließend wurde auf ihr für den Stevenson-Film „Kidnapped" gedreht und für „Dracula". Nach einer Überholung 1979 folgten Fernseharbeiten in Belgien („Robinson Crusoe"), eine Werbekreuzfahrt für das LORD NELSON-Projekt (S. 132) und eine Charterreise für eine Kunstgalerie nach Wales, Irland, an die bretonische Küste und zu den Scillyinseln. Charterreisen in den Kanarischen Inseln und eine zweimonatige Reise rund um die britischen Inseln schlossen sich an. 1981 wurde sie in Barbate de Franco in Spanien überholt und zusätzlich mit Royalsegeln ausgerüstet. Weitere Filmarbeiten und Mittelmeerkreuzfahrten folgten, seit 1982 zusammen mit der neuen Brigg ihrer Eigner, der CIUDAD DE INCA (S. 136).

1984 meldeten sich beide zum Tall Ships Race von Puerto Rico über Bermuda nach Halifax. Den ersten Regattaabschnitt nach Bermuda gewann MARQUES. Dort ging sie nach einem Crewwechsel am 2. Juni um 14 Uhr Ortszeit in See. Nach der Wettervorhersage war nichts Ungewöhnliches zu erwarten. Am 3. Juni bei Wachwechsel um vier Uhr morgens segelte die Bark gute Fahrt von sieben Knoten bei stetigen sechs Windstärken. Glücklicherweise blieben die meisten der abgelösten Wachgänger noch einige Zeit an Deck, denn acht Minuten später brach ohne Ankündigung eine extrem heftige Bö aus dem Dunkel. MARQUES holte über, bis die Royalrahen beinahe zu Wasser kamen. Der Rudergänger versuchte anzuluven, ging dabei aber über Bord. Die Bö ließ nach, und die Bark richtete sich wieder etwas auf, als eine zweite, noch heftigere Bö MARQUES bis über das Schanzkleid wegdrückte. Sie krängte so weit, daß grüne See durch den offenen Niedergang eindringen konnte. Sie richtete sich nicht mehr auf und sank binnen weniger Augenblicke über den Vorsteven. Seit dem Einfall der ersten Bö war kaum eine Minute vergangen.

Die Bö muß in ihrer Ausdehnung sehr begrenzt gewesen sein. Auf Fahrzeugen, die nur einige Meilen entfernt standen, nahm man nichts dergleichen wahr. Nur auf einem entdeckte man plötzlich Rotfeuer aus der Rettungsinsel, in die sich die Überlebenden geborgen hatten.

Neunzehn blieben, darunter der Kapitän, seine Frau und deren fünfzehn Monate altes Baby. Neun Crewmitglieder überlebten. Sie alle waren während der Bö an Deck gewesen. Dieses war die erste Schiffstragödie, die sich während einer Großsegler-Regatta ereignet hatte, und das dritte Mal seit Ende des Zweiten Weltkrieges, daß ein Segelschulschiff unter Verlust von Menschenleben sank.

Schiffsname	MARQUES
Baujahr	1917
Bauwerft	in Pueblo Nuevo del Mare, Valencia, Spanien
letzter Eigentümer	Mark Litchfield und Robin Cecil-Wright, England
letzter Betreiber	The China Clipper Society, Kent, England
Flaggenstaat	Großbritannien
Rigg	Bark
Bauart	Holz
Länge ü. a.	35,7 m
Rumpflänge	26,2 m
Länge CWL	22,9 m
Breite	7,5 m
Tiefgang	3,2 m
Tonnage	82 grt, 57 nrt, 150 td
Segelfläche	698 qm
Maschine	2 x 127 PS Gardner auf Doppelschrauben
Besatzung	9-15 Crew, Gesamtbesatzung maximal 32
Jahr der Fotografie	1984
Ort der Fotografie	Bermuda

MIRCEA

Als Rumänien 1877 bis '78 gemeinsam mit Rußland Krieg gegen die Türkei führte, eroberte es ihre alte, zwischen der Donau und dem Schwarzen Meer gelegene Küstenprovinz Dobrugea und den Hafen Constanza zurück. Eine rumänische Marine wurde ins Leben gerufen und in Blackwall bei London ein Schulschiff in Auftrag gegeben. 1882 lief das Schiff vom Stapel und wurde MIRCEA getauft, nach dem Prinzen Mircea Staria, der von 1383 bis 1418 in der östlichen Walachei herrschte und damals schon einmal Dobrugea von den Türken befreit und Rumänien dem Seehandel geöffnet hatte.

Als 1930 die Brigg MIRCEA aus Altersgründen außer Dienst gestellt wurde, bestellte Rumänien in Deutschland bei Blohm & Voss Ersatz nach den Plänen der ersten GORCH FOCK (heute TOVARISHCH, S. 190). Die beiden Barken sind die etwas kleineren Schwestern der EAGLE (S. 80), der SAGRES (S. 168) und der neuen GORCH FOCK (S. 106). Kiellegung erfolgte im April 1938, Stapellauf im September desselben Jahres. Die Bark wurde ebenfalls MIRCEA getauft. Ihre Galionsfigur zeigt Prinz Mircea nach einem Grabbildnis, das man im rumänischen Kloster Kosia gefunden hatte. Im Januar 1939 wurde das Schiff übergeben und nach Constanza gesegelt, wo es im April von der zivilen Seefahrtschule in Dienst gestellt wurde. Ursprünglich dienten 223 Mann an Bord: 43 Offiziere, 40 Decksgrade und 140 Kadetten.

MIRCEA war 1939 jedoch nur noch eine Ausbildungsreise ins Mittelmeer beschieden, ehe der Krieg ausbrach. Nach Rumäniens Kriegsbeitritt 1940 gegen die UdSSR unternahm MIRCEA nur noch kurze Küstenreisen mit Marinekadetten. Als die Rote Armee Rumänien 1944 eroberte, wurde auch auf MIRCEA in Constanza die sowjetische Flagge gesetzt. Nachdem in Rumänien eine pro-sowjetische Regierung installiert worden war, gab man das Segelschiff seinen Eigentümern zurück.

Von 1946 bis 1965 sah man die Bark nur auf kurzen Küstenreisen im Schwarzen Meer und im Mittelmeer. Dann wurde sie auf ihrer Bauwerft in Hamburg grundüberholt. Sie erhielt wasserdichte Schotten, eine neue elektrische Installation, einen neuen Satz Segel, und auch die Inneneinrichtung wurde komplett erneuert.

Auf MIRCEA werden gleichermaßen Kadetten von der Marine und der Handelsschiffahrt ausgebildet. Vorwiegend eingesetzt im Schwarzen Meer und im Mittelmeer, besuchte sie auch andere Länder und Kontinente von Westeuropa über Afrika bis Nord- und Südamerika. 1975 nahm sie an den Großsegler-Treffen in London und Amsterdam teil, und 1976 segelte sie mit einer Crew von 23 Offizieren, 57 Matrosen und 107 Kadetten im Feld des US Bicentennial Tall Ships Race über den Atlantik.

Nach der Wende 1989 in Rumänien blieb MIRCEA zunächst in Fahrt. In eine Grundüberholung wurden fünf Millionen Dollar investiert in der Absicht, diesen Aufwand durch Reisen mit westlichen Trainees wieder hereinzuholen. Leider zerschlug sich das Vorhaben und die Bark liegt seitdem auf.

Schiffsname	MIRCEA
Baujahr	1938
Konstrukteur	Blohm & Voss
Bauwerft	Blohm & Voss, Hamburg
Eigentümer	Rumänische Marine
Flaggenstaat	Rumänien
Rigg	Bark
Bauart	Stahl, aufgesetztes Teakdeck
Länge ü. a.	81,3 m
Rumpflänge	73,7 m
Länge CWL	62,0 m
Breite	12,5 m
Tiefgang	5,2 m
Tonnage	1312 grt, 1723 t TM, 1760 td
Segelfläche	1750 qm
Maschine	1 x 1100 PS MaK
Besatzung	65 Stammbesatzung + 120 Kadetten
Jahr der Fotografie	1976
Ort der Fotografie	Newport, Rhode Island, USA

MOSHULU

Dieser eindrucksvolle Kap-Hoorn-Segler ist im Jahre 1904 für die Reederei G.H.J. Siemers in Hamburg gebaut worden. Die Bark hieß KURT nach dem Firmenchef Dr. Kurt Siemers. Sie wurde in der südamerikanischen Salpeterfahrt eingesetzt. Auf ihrer zehnten Reise, sie hatte ihre Kohlenladung aus Europa in Santa Rosalia, Mexico, gelöscht und befand sich auf der Überfahrt nach Portland in Oregon, um eine Ladung Weizen zu übernehmen, brach der Erste Weltkrieg aus. Auf Anweisung ihres Eigners wurde sie für die Kriegsdauer in Astoria, Oregon, aufgelegt.

Dort wurde sie 1917, als Amerika in den Krieg gegen Deutschland eintrat, beschlagnahmt. Sie kam unter das Management der US Shipping Board Emergency Fleet Corporation, zuerst unter dem Namen DREADNOUGHT, dann unter dem indianischen Namen MOSHULU. Ihr neues Fahrtgebiet war der Pazifik, von der Westküste nach Australien und zu den Philippinen. 1922 kaufte sie James Tyson aus San Francisco, der sie an Charles Nelson & Co., ebenfalls aus San Francisco, weiterverkaufte. Bis 1928 fuhr sie Schnittholz zwischen der amerikanischen Nordwestküste, Australien und Afrika. Dann wurde sie aufgelegt, zuerst in Seattle, später in Winslow, Washington.

1935 erwarb sie der berühmte finnische Reeder Gustav Erikson aus Mariehamn auf den Åland-Inseln. Er war der letzte Eigner einer großen Windjammerflotte, dem es gelang, die Schiffe rentabel zu fahren, als andere schon lange aufgegeben hatten. In dem Jahr besaß er, eingeschlossen MOSHULU, 25 Großsegler, die vorwiegend in der australischen Weizenfahrt eingesetzt wurden. 1936 setzte MOSHULU Segel Kurs Åland-Inseln und fuhr bis zum Sommer 1940 in der Australienfahrt. Dann geriet sie im norwegischen Kristiansand unter das Kommando der deutschen Besatzungstruppen. Diese nutzten sie als Depotschiff, erst in Horten nahe Oslo, dann im nördlichen Kirkenes, wo sie zuletzt strandete und kenterte. 1947 wurde sie gehoben und zum Motorschiff umgebaut. Von 1948 bis '52 wurde sie in Stockholm als Getreidehulk verwendet. 1952 kaufte sie Heinz Schliewen aus Lübeck. Unter dem Namen OPLAG sollte sie, wie PASSAT und PAMIR, als frachtsegelndes Segelschulschiff wiedererstehen. Der Plan scheiterte aus finanziellen Gründen. OPLAG ging als schwimmendes Getreidelager wieder nach Stockholm. Von 1961 bis '68 diente sie zum selben Zweck im finnischen Naantali.

1968 übernahm sie die Firma Speciality Restaurants, ihr heutiger Eigner. Zurückbenannt in MOSHULU, wurde sie nach Amsterdam geschleppt, wo die Umbauarbeiten zum Restaurantschiff begannen. 1972 lief sie im Schlepp nach New York und 1974 schließlich zu ihrem endgültigen Liegeplatz bei Penn's Landing in Philadelphia. Dort wurde sie vollständig wieder aufgetakelt. Ihre Eröffnung als Restaurant erfolgte im Dezember 1976.

Das 450-Plätze-Restaurant mit Bar in ihrem Zwischendeck erhält sein Tageslicht durch eine Reihe großer Fenster, die in die Bordwand geschnitten worden sind - keine sehr glückliche Maßnahme an dem alten Tiefwassersegler, wenngleich die optische Wirkung durch Verwendung von Rauchglasscheiben etwas gemildert wird. In der MOSHULU ist ein Schiffahrtsmuseum untergebracht, das man besichtigen darf, ohne im Restaurant einzukehren.

Schiffsname	MOSHULU, ex-OPLAG, ex-MOSHULU, ex-DREADNOUGHT, ex-KURT
Baujahr	1904
Konstrukteur	Willam Hamilton & Co.
Bauwerft	William Hamilton & Co. Ltd, Port Glasgow, Schottland
Eigentümer	Speciality Restaurants Inc., Philadelphia, USA
Flaggenstaat	USA
Rigg	Viermastbark
Bauart	Stahl, Holzdeck
Länge ü. a.	119,8 m
Rumpflänge	111,0 m
Länge CWL	101,9 m
Breite	14,3 m
Tiefgang	8,6 m
Tonnage	3116 grt, 2911 nrt, 5393 tdw
Segelfläche	4180 qm
Maschine	keine
Besatzung	26-34
Jahr der Fotografie	1982
Ort der Fotografie	Philadelphia, Pennsylvania, USA

MOSHULU

NIPPON MARU

Als die erste NIPPON MARU und ihr Schwesterschiff KAIWO MARU 1930 vom Stapel liefen, hatten Segelschulschiffe bereits seit längerem in Japan Tradition. „Nippon" bedeutet Japan, „Kaiwo" ist ein japanischer Meeresgott, „Maru" als Anhängsel an die meisten japanischen Handelsschiffsnamen bedeutet soviel wie „streben", „sich bemühen". Die beiden Viermastbarken fuhren je 75 Mann Stammbesatzung und 120 Kadetten. Segel, Rahen und das ganze Geschirr waren im Verhältnis zu europäischen Schiffen etwas kleiner dimensioniert, entsprechend der kleinen Statur der meisten Japaner vor dem Zweiten Weltkrieg. Beide Schiffe blicken auf eine lange erfolgreiche Dienstzeit als Schulschiffe für Handelsschiffskadetten zurück und hätten noch lange so weitermachen können. Doch man entschloß sich in den frühen 80er Jahren, sie durch neuere zu ersetzen.

Die Neukonstruktionen entstanden in Versuchstanks und Windkanälen und wurden mit Computern berechnet. Da die Anforderungen die gleichen sind wie an die alten Schiffe, sehen sie diesen wieder sehr ähnlich. Die auffälligsten Unterschiede sind das lange durchgehende Wetterdeck, die doppelten Gaffeln nach deutschen Vorbild und das Fehlen des Schornsteines. Die Takelage hat mittlerweile normale Ausmaße, da die japanische Jugend inzwischen in der Körpergröße westliche Maße erreicht.

Untermasten und Marsstengen bestehen aus einem Stück, die Bramstenge ist wieder gelascht. Die aufheißbaren Rahen laufen auf Mastschienen. Ansonsten ist die Takelage traditionell. Verglichen mit der ersten NIPPON MARU ist die zweite 13 Meter länger. Sie ist 7,8 Meter länger in der Wasserlinie und 0,9 Meter breiter. Die Segel haben 360 Quadratmeter mehr Fläche, und auch die Verdrängung ist größer. Nach wie vor wird die gleiche Anzahl Kadetten ausgebildet, nur die Stammbesatzung ist um fünf Mann verringert worden.

Das Wetterdeck trägt drei Decksaufbauten. Der vorderste wird von der Kommandobrücke überragt. Der zweite Ruderstand auf dem Achterschiff wird unter Segeln besetzt. Das Oberdeck enthält die Offiziersquartiere, die Kombüse, einen großen Ausbildungsraum und einige Mannschaftsunterkünfte. Das Unterdeck beherbergt die Kadettenquartiere - hauptsächlich Achtbettkabinen wie auf den alten Schiffen sowie Unterkünfte für weibliche Kadetten -, die Messe und weitere Crewunterkünfte. Das Zwischendeck wird von einem weiteren Ausbildungsraum, dem Maschinenraum, Tanks und Laderäumen ausgefüllt.

NIPPON MARU (II) wurde im April 1983 auf Kiel gelegt, im Februar 1984 vom Stapel gelassen und im September desselben Jahres abgeliefert. Zu dieser Zeit wurde die erste NIPPON MARU außer Dienst gestellt und in Yokohama als Museumsschiff aufgelegt.

Während der australischen 200-Jahr-Feier repräsentierte NIPPON MARU (II) das moderne Japan, so wie es ihre Vorgängerin immer getan hatte. Ihr Schwesterschiff KAIWO MARU ersetzte ihre Vorgängerin im September 1989. Im drauffolgenden Jahr gewann sie die Boston Teapot Trophy für die längste innerhalb von 124 Stunden gelaufene Strecke: 1350 Meilen hatte sie in dieser Zeit geloggt.

Schiffsname	NIPPON MARU
Baujahr	1984
Konstrukteur	Sumitomo Schwerindustrie
Bauwerft	Sumitomo Schwerindustrie Uraga Werft, Yokosuka, Japan
Eigentümer	Transportministerium, Institut für Segelschiffsausbildung, Tokio
Flaggenstaat	Japan
Rigg	Viermastbark
Bauart	Stahl, aufgesetztes Teakdeck
Länge ü. a.	110,1 m
Rumpflänge	99,2 m
Länge CWL	86,0 m
Breite	13,8 m
Tiefgang	6,3 m
Tonnage	2570 grt, 2150 nrt, 4730 td
Segelfläche	2760 qm
Maschine	2 x 1500 PS Daihatsu auf Doppelschrauben
Besatzung	70 Stammbesatzung + 120 Kadetten

Foto © Yasuo Azuma/Cosmo & Action Photo Library

NIPPON MARU

NONSUCH

Im 17. Jahrhundert gehörten Quebec und der St. Lorenzstrom zu Frankreich, das somit das Monopol auf den ertragreichen kanadischen Pelzhandel besaß. Damals entdeckten zwei französische Kaufleute einen Landweg zu den südlichen Ufern der Hudson Bay. Vergeblich versuchten sie die französische Regierung davon zu überzeugen, eine Handelsroute auf diesem Wege einzurichten. Von Prinz Rupert aus England erhielten sie jedoch begeisterte Unterstützung. Zusammen mit einigen Londoner Kaufleuten gründeten sie 1668 die Hudson's Bay Company. Unternehmensziele waren der Pelzhandel und die Suche nach der Nordwestpassage. König Charles II stellte ein Schiff zur Verfügung, die EAGLET, und die Gesellschaft kaufte für 290 Pfund Sterling ein zweites, ähnliches, aber etwas kleineres Schiff, die NONSUCH.

NONSUCH ist wahrscheinlich 1650 in Wivenhoe, Essex, von einem Herrn Page gebaut worden. 1654 wurde sie von der Marine des Commonwealth erworben, 1658 von den Holländern gekapert und 1659 zurückerobert. Am 3. Juni 1668 setzten NONSUCH und EAGLET Segel in die neue Welt. Im Atlantiksturm wurde EAGLET beschädigt und mußte umkehren, doch NONSUCH erreichte nach einer Reise von 44 Tagen die Hudson Bay. Fünfzehn Monate später war sie wieder in London, beladen mit Biber- und anderen Pelzen im Wert von 1379 Pfund. Dieser Erfolg führte am 2. Mai 1670 zur Aufnahme der Hudson's Bay Company in die Royal Charter.

Zur Erinnerung an die Gründung ihrer Firma vor 300 Jahren beauftragte die Hudson's Bay Company die Werft J. Hinks & Son in Appledore, einen originalgetreuen Nachbau ihres ersten Schiffes, der NONSUCH, anzufertigen. Ein Team unter dem Konstrukteur Rodney Warrington-Smyth zeichnete Pläne nach Angaben aus den Archiven der Hudson's Bay Company und des nationalen Marinemuseums in Greenwich. Auf der Werft, die fünf Jahre später die GOLDEN HINDE (S. 104) bauen sollte, wurden zunächst die alten Originalwerkzeuge angefertigt und alte Schiffbaupraktiken neu erlernt, ehe man an die Kiellegung ging. Zum Befestigen der Planken wurden Holznägel verwendet.

Das Schiff verblüfft durch die geringe Größe, aber die meisten Handelsschiffe des 17. Jahrhunderts waren so klein. Die reichen Schnitzereien waren auf Handelsschiffen allerdings nicht üblich. NONSUCH gehörte jedoch zur Marine, und einige der Investoren waren bei Hofe, so daß der zeitgenössische Geschmack auch in der Ausstattung des Schiffes zur Geltung kam. Die Vorschiffspoller werden von geschnitzten Seejungfrauen gestützt, die Geschützpforten von Girlanden umrahmt, die Heckfenster mit vergoldeten Schnitzereien verziert. Die Schnitzereien der Replik wurden von Jack Whitehead auf der Isle of Wight angefertigt.

Wie das Original ist NONSUCH ketschgetakelt, der Großmast vor dem kleineren Besan, mit Rahsegeln an beiden Masten. Typisch sind das runde Krähennest, das Lateinersegel am Besan und das Taljereep am Vorsteven, das den Klüverbaum anstelle eines Wasserstages unten hält.

Die neue NONSUCH kostete in den 60er Jahren 70.000 Pfund. Heute läge der Baupreis bei etwa 300.000 Pfund oder mehr. 1969, nach dem Besuch Londons und einiger englischer Häfen, überquerte NONSUCH den Atlantik an Deck eines Frachtschiffes. Wieder zu Wasser gelassen, segelte sie die Ostküste hinauf nach Norden und in die Großen Seen. Später wurde sie als segelnde Wanderausstellung zur Westküste verfrachtet, bis sie 1974 ihren letzten Liegeplatz im Manitoba Museum of Man and Nature in Winnipeg bekam.

Schiffsname	NONSUCH
Baujahr	1968
Konstrukteur	Rodney Warrington-Smyth
Bauwerft	J. Hinks & Son, Appledore, Devon, England
Eigentümer	Hudson's Bay Company
Flaggenstaat	Kanada
Rigg	Rahgetakelte Ketsch
Bauart	Holz
Länge ü. a.	22,8 m
Rumpflänge	16,3 m
Länge CWL	15,3 m
Breite	4,7 m
Tiefgang	2,1 m
Tonnage	65 td
Segelfläche	176 qm
Maschine	1 x 95 PS Perkins (jetzt wieder entfernt)
Besatzung	12 auf Segeltörns
Jahr der Fotografie	1969
Ort der Fotografie	Plymouth, England

OUR SVANEN

OUR SVANEN lief 1922 unter dem Namen MATHILDE als Dreimast-Gaffelschoner für den Ostseehandel vom Stapel. Sie wechselte anschließend öfter den Besitzer und ebensooft den Namen. 1926 hieß sie PACIFIC, 1930 H.C.ANDERSEN und 1938 SVANEN. 1938 erhielt sie ihre erste Hilfsmaschine, einen Dieselmotor mit 34 PS. Auch als SVANEN hatte sie mehrere Eigner, bis sie zuletzt eine längere Charter im Malztransport für die Tuborg-Brauerei in Kopenhagen bekam. 1969 wurde eine 134 PS starke Maschine eingebaut. Nicht viel später kam das Ende ihrer Frachtschiffslaufbahn, als Doug und Margaret Havers, ein anglo-kanadisches Ehepaar, sie erwarben.

Acht Jahre investierten die Havers, um SVANEN auf einer dänischen Werft restaurieren und als Barkentine wieder auftakeln zu lassen. 1977 registrierten sie sie unter dem Namen OUR SVANEN in Stornoway auf den Hebriden. Sie segelten von Dänemark nach Poole in England, wo sie weitere zwei Jahre verbrachten, um OUR SVANEN auszurüsten. Am 22. November 1978 verließen sie England, über Westindien und Panama, mit dem Bestimmungshafen Victoria in Britisch-Columbia. 1980 erhielt OUR SVANEN eine Langzeitcharter der Royal Canadian Sea Cadets und segelte Ausbildungsreisen mit je 16 Kadetten beiderlei Geschlechts zwischen 17 und 20 Jahren. Mit einer Stammbesatzung von acht Personen, darunter das Eignerpaar, segelte sie im Sommer nach Alaska, im Winter nach Baja California. 1981 machte sie einen Abstecher nach Hawaii, und im Oktober verließ sie Victoria mit Kadetten für eine Langfahrt, die auch die 1982er Tall Ships Races Venezuela - Philadelphia - Lissabon - Southampton einschloß. Im Winter 1982 bis '83 wurde sie in Troense, Dänemark, überholt. 1983 segelte sie, wieder mit Kadetten, nach England und weiter nach Florida, Neuschottland und im Winter nach Westindien. 1984 nahm sie an der Großsegler-Regatta Puerto Rico - Bermuda - Halifax - Quebec teil und überwinterte in Halifax.

1985 verkauften die Havers OUR SVANEN an die Sail Pacific Charters Ltd aus Vancouver, eine Gesellschaft von fünf Partenreedern. 1986 erhielt sie eine Grundüberholung mit Umbauten entsprechend den aktuellen Sicherheitsstandards, wobei sie auch mit einem 250-PS-Motor versehen wurde. Mit einer Charter für die 200-Jahr-Feier des australischen First Fleet Re-enactment segelte sie nach England, wo sie kurz vor dem Start der Seglerflotte nach Australien eintraf. Weil sie unter britischer Registrierung Schwierigkeiten mit den Freibordbestimmungen hatte, wurde die Barkentine auf den Cayman-Inseln registriert. So erhielt sie ohne Probleme nach ihrer Ankunft in Perth im November die australische Passagierlizenz und konnte an den Kreuzfahrten der First Fleet teilnehmen. Nach Beendigung der Feierlichkeiten wurde sie von der Sail Training Association von Neusüdwales (STANSW) erworben, als Ersatz für deren Barkentine NEW ENDEAVOUR, die 1987 abgewrackt worden war. Da die STANSW jedoch nicht in der Lage war, die Schiffshypotheken zurückzuzahlen, wurde OUR SVANEN im Mai 1990 von Laurie Kalnin, einem Geschäftsmann aus Sydney, ersteigert, der sie zur Zeit auf Hafenrundfahrten in Sydney und bei Walbeoachtungsreisen an der Küste von Queensland einsetzt.

Schiffsname	OUR SVANEN, ex-SVANEN, ex-H.C. ANDERSEN, ex-PACIFIC, ex-MATHILDE
Baujahr	1922
Konstrukteur	K. Andersen
Bauwerft	K. Andersen, Frederikssund, Dänemark
Eigentümer	Svanen Charters Pty. Ltd, Redfern, NSW, Australien
Flaggenstaat	Australien
Rigg	Barkentine
Bauart	Holz
Länge ü. a.	41,8 m
Rumpflänge	28,0 m
Länge CWL	25,6 m
Breite	6,7 m
Tiefgang	2,9 m
Tonnage	119 grt, 81 rt, 250 tdw
Segelfläche	548 qm
Maschine	1 x 250 PS Caterpillar
Jahr der Fotografie	1984
Ort der Fotografie	Bermuda

OUTLAW

OUTLAW ist einer der letzten Mallorca-Schoner. Die Bauzeit dauerte sechs Jahre, weil die Behörden sich der traditionellen Holzbauweise gegenüber ablehnend verhielten. Die offizielle Politik unterstützte den „modernen" Stahlschiffbau. Ursprünglich hieß das Schiff CALA MILLO, war als Gaffelschoner getakelt und mit einer 140-PS-Maschine ausgerüstet. Sie fuhr in der Mittelmeerfahrt vorwiegend Agrarprodukte wie Wein, Oliven, Olivenöl, Getreide, Orangen und andere Südfrüchte. Im Jahre 1960 wurde CALA MILLO von dem Reeder Abel Matutes auf Ibiza erworben, der noch andere Mallorca-Schoner besaß. Er taufte sie um in ANTONIO MATUTES und ließ sie im übrigen auf gleiche Art weiter Dienst tun, bis er sie 1974 an die Gesellschaft Overseas Tramps in Malta verkaufte, die sie OUTLAW nannte, als Stagsegelschoner takelte und für den Charterbetrieb umbaute.

1977 ging OUTLAW über in die Hände des deutschen Sozialwerkes Jugendschiff Corsar e.V., wo sie als Resozialisierungsschiff für straffällig gewordene Jugendliche eingesetzt wurde. Der Name OUTLAW schien für die neuen Aufgaben passend, so behielt man ihn bei. Der Schoner blieb weiterhin auf Malta registriert, nur die Maschine wurde gegen einen 200-PS-Deutz ausgetauscht.

OUTLAW fuhr eine Stammbesatzung von fünf Seeleuten: Kapitän, Erster und Zweiter Steuermann, Bootsmann und Ingenieur. Darüber hinaus segelten drei Sozialarbeiter mit, ein Lehrer und gelegentlich ein Psychologe. Die „Achtergäste" wohnten in drei Einzelkammern, fünf Doppelkammern und einem Salon. Die Traineebesatzung bestand aus 16 Mädchen und Jungen zwischen 15 und 18 Jahren, die in Zweibettkammern untergebracht waren. Im Zwischendeck um den Schonermast herum lag ein Gemeinschaftsraum. Küche und Messe waren im Deckshaus hinter dem Schonermast untergebracht.

OUTLAW unternahm zwei Resozialisierungsreisen pro Jahr, jede fünf bis sechs Monate lang. Im Winter segelte man zu den Kanarischen Inseln, ins Mittelmeer oder ins Rote Meer, im Sommer in die Nord- und Ostsee. Landgang für die Trainees war sehr eingeschränkt und unterlag strengen Regeln, ebenso die Disziplin an Bord. Das Programm sollte nicht als leichte Übung oder als Urlaub verstanden werden.

1980, 1982, 1984 und 1986 nahm OUTLAW an den Großsegler-Regatten in Nord- und Ostsee teil. 1982 wurde der Schonermast mit drei Rahen ausgerüstet. Da im Gegensatz zur echten Brigantine der vordere Mast weiterhin auf Schonerart und nicht wie ein typischer Rahseglermast getakelt blieb, kann man OUTLAW seitdem als Schoner-Brigantine bezeichnen.

1987 wurden die Mittel des Sozialwerkes Jugendschiff Corsar gekürzt. Infolgedessen konnten Instandhaltungsarbeiten nicht mehr im notwendigen Maße durchgeführt werden. 1988 wurde OUTLAW für 140.000 Deutsche Mark an eine Bremer Sozialeinrichtung verkauft, die sie als schwimmende Drogenberatungsstelle verwendet.

Seit 1990 betreibt sie der neue Eigentümer, der Verein Outlaw, als stationäre Einrichtung.

Schiffsname	OUTLAW, ex-ANTONIO MATUTES, ex-CALA MILLO
Baujahr	1946-52
Bauwerft	Astilleros Naviera Mallorquina, Palma de Mallorca, Spanien
Eigentümer	Verein Outlaw, Deutschland
Flaggenstaat	Deutschland
Rigg	Schoner-Brigantine
Bauart	Holz
Länge ü. a.	39,6 m
Rumpflänge	33,5 m
Länge CWL	29,9 m
Breite	8,0 m
Tiefgang	3,2 m
Tonnage	171 grt, 141 nrt, 277 t TM
Segelfläche	600 qm
Maschine	200 PS Deutz
Besatzung	5 Crew + 5 Sozialarbeiter + 16 Trainees
Jahr der Fotografie	1986
Ort der Fotografie	Newcastle, England

TS123

PALINURO

PALINURO war als eine von zwei Fischereibarkentinen 1934 für die Société des Pêcheries Malouines von St. Malo in Frankreich gebaut worden. Sie hieß damals COMMANDANT LOUIS RICHARD. Ihr Schwesterschiff, die LIEUTENANT RENÉ GUILLON, existiert nicht mehr. Seit dem Ende des letzten Jahrhunderts bevorzugten die Franzosen Barkentinen in der Neufundlandfischerei. Diese beiden waren die letzten, die in Dienst gestellt wurden. Sie waren die größten und die einzigen, die in Stahl gebaut waren, und sie hatten einen Hilfsmotor. PALINURO zeigt noch heute ihre Originalbesegelung. Die untersetzte Takelage ist keine Folge ihres Maschinenantriebes, sondern ein typisches Merkmal aller Fischereibarkentinen, die auf den Fischgründen häufig schwere Stürme abwettern mußten. Außerdem verringerten die niedrigen Masten das Rollmoment, wenn die Schiffe auf den Großen Bänken vor Anker lagen, während ihre Dories draußen zum Fischen waren. Die reduzierte Segelfläche wurde durch extrabreite Rahsegel wiedergutgemacht.

Untypisch war, daß die Schwesterschiffe ein ungewöhnlich langes Poopdeck besaßen, das beinahe bis zum Großmast reichte. Dort waren die Wohnräume der 47 Mann starken Besatzung untergebracht. Unter der erhöhten Back befanden sich Ankerwinde, Farbenlocker, der Hühnerstall und ein Schweinekoben. In der großen Luke wurde der Fisch vor allem gepökelt eingelagert, aber es standen auch mehrere Kühlräume zur Verfügung, in denen ein kleiner Teil des Fanges eingefroren werden konnte. Die Schiffe fischten bis zum Zweiten Weltkrieg und wurden nach seinem Ende wieder in Dienst gestellt. 1947 gab es noch 26 französische Fischereibarkentinen, doch zwei Jahre später waren alle durch Motortrawler ersetzt.

COMMANDANT LOUIS RICHARD wurde 1948 verkauft. Ihr neuer Eigner, auch ein Franzose, nannte sie JEAN MARC ALINE und versuchte, sie außerhalb der Reichweite herkömmlicher Trawler im südlichen Indischen Ozean bei den Inseln St. Paul und Amsterdam einzusetzen. Doch die Reisekosten waren letztlich zu hoch, und die Fangmethoden eigneten sich nicht für die dortigen Bedingungen. Nach einer Reise stand JEAN MARC ALINE wieder zum Verkauf.

1951 erwarb sie die italienische Marine, um sie zum Schulschiff umzubauen. Das Achterdeck wurde bis vor den Großmast verlängert, und in der ehemaligen Fischluke entstanden Unterkünfte für die Kadetten. Der Rumpf wurde schwarz lackiert mit aufgemalten Geschützpforten. Die neue Galionsfigur zeigt Palinuro, den Steuermann des Schiffes von Aeneas, mit griechischem Helm und Ruderpinne.

PALINURO wurde im Juni 1955 in Dienst gestellt. Sie ist das Schulschiff der Marineschule in La Maddalena auf Sardinien. Meist segelt sie mit Kadetten im Alter von 17 bis 18 Jahren entlang den Küsten Italiens. Dabei spielt sie gelegentlich Gastgeberin bei besonderen Segelereignissen, wie zum Beispiel bei den Classic Yacht Regatten in Porto Cervo auf Sardinien.

In den frühen 80er Jahren war die Rede davon, sie durch einen Neubau zu ersetzen. Doch der Preisunterschied zwischen Generalüberholung und Neubau entschied zugunsten der PALINURO. Von 1984 bis '86 wurde sie in Messina instand gesetzt und anschließend wieder in Dienst gestellt.

Schiffsname	PALINURO, ex-JEAN MARC ALINE, ex-COMMANDANT LOUIS RICHARD
Baujahr	1933-34
Bauwerft	Anciens Chantiers Dubigeon, Nantes, Frankreich
Eigentümer	Italienische Marine
Flaggenstaat	Italien
Rigg	Barkentine
Bauart	Stahl, aufgesetztes Holzdeck
Länge ü. a.	68,9 m
Rumpflänge	59,0 m
Länge CWL	50,0 m
Breite	10,1 m
Tiefgang	4,8 m
Tonnage	858 grt, 1341 td
Segelfläche	1070 qm
Maschine	1 x 450 PS Fiat
Besatzung	48 Crew + 70 Trainees
Jahr der Fotografie	1982
Ort der Fotografie	Sardinien, Italien

PHOENIX

Der Zweimaster wurde ursprünglich als Schoner ANNA für die Dänische Evangelische Mission gebaut. In der Konzeption entsprach sie einem klassischen Handelsschoner. Sie besaß eine 78-PS-Hilfsmaschine. Als sie 1941 verkauft wurde, ging sie dann wirklich in die Handelsfahrt. 1942 kürzte man ihr Rigg zur Galeasse, und ab 1964 fuhr sie als Kümo ohne Masten. Als ein Feuer 1972 ihren Maschinenraum zerstörte, wurde sie aufgelegt.

1974 kaufte sie ein englisch-holländisches Ehepaar, John und Frederika Charles. Sie überführten sie nach Holland, um sie als Brigantine wieder aufzutakeln, nannten sie PHOENIX und registrierten sie in Irland. 1976 wurde sie gechartert, um am Tall Ships Race anläßlich der amerikanischen 200-Jahr-Feier teilzunehmen. PHOENIX war das kleinste Schiff der A-Klasse und das einzige, das kein staatliches Segelschulschiff war. Ihre gemischte Crew bestand aus 28 Personen aus aller Welt. Im Rückkehrrennen von Boston nach Plymouth war PHOENIX das einzige A-Klasse-Schiff. Anstelle der erwarteten 18 bis 24 Tage dauerte die Überfahrt 32 Tage. Und nach englischer Tradition hatte der sparsame Zahlmeister nur für 18 Tage Proviant eingekauft!

1977 und 1978 segelte PHOENIX Charterreisen in der Nordsee und im Kanal. 1978 wechselte die Familie Charles die Flagge nach Holland und segelte das 1978er Tall Ships Race in der Ostsee. 1979 wurde PHOENIX an einen amerikanischen Ausbildungsverein für eine Reise nach Leningrad verchartert. 1980 kam PHOENIX in die Hände zwielichtiger holländischer Geschäftsleute und wurde schließlich vom holländischen Zoll aufgebracht. 1981 wurde sie von einem englischen Segelmacher gekauft und nach Littlehampton überführt. Im folgenden Jahr wurde sie von dem Engländer Barry Brenner erworben, der sie für den Charterbetrieb wieder instand setzte. Im selben Jahr segelte sie nach Jamaika, um von der Montego Bay aus Tagestouren mit Touristen zu unternehmen. Als die PHOENIX 1984 nach Bermuda segelte, hatte sie unter der häufigen Abwesenheit des Eigners und der nachlässigen Behandlung wechselnder Skipper derart gelitten, daß man ihre Überführung nach Miami beschloß, wo sie zum Verkauf aufgelegt wurde.

Nach vier Jahren in Miami ohne Wartung und Pflege wurde sie 1988 in jämmerlichem Zustand von ihren heutigen Eignern erworben. Glücklicherweise waren es Profis mit eigener Holzschiffswerft in Bristol, England, die bereits eine Anzahl Großsegler besaßen, eingeschlossen der KASKELOT (S. 120), der SØREN LARSEN (S. 182) und dem Gaffelschoner CARRIE. Sie schickten ein Team von Schiffbauern, Taklern und einen Ingenieur nach Miami, um PHOENIX soweit instand zu setzen, daß man die Überreise nach Bristol antreten konnte.

1990 setzte sie wieder Segel für Dreharbeiten, Werbeveranstaltungen und Vercharterung. Für einen Film über Christoph Kolumbus als SANTA MARIA zurechtgemacht, lag sie zusammen mit der in eine Karavelle verwandelten CARRIE im Frühjahr '92 in Costa Rica. Im Sommer 1992 wurde sie in England in ihre alte Erscheinung zurückverwandelt.

Schiffsname	PHOENIX, ex-GABRIEL, ex-ADELLA, ex-SKIBLADNER, ex-KARMA, ex-JØRGEN PETER, ex-PALMETO, ex-ANNA
Baujahr	1929
Konstrukteur	Hjørne & Jacobsen
Bauwerft	Hjørne & Jacobsen, Frederikshavn, Dänemark
Eigentümer	Square Sail (Robin Davies), Colchester, England
Flaggenstaat	England
Rigg	Brigantine
Bauart	Holz
Länge ü. a.	34,1 m
Rumpflänge	23,8 m
Länge CWL	22,2 m
Breite	6,6 m
Tiefgang	2,4 m
Tonnage	79 grt, 58 nrt, 151 t TM
Segelfläche	370 qm
Maschine	240 PS Volvo
Besatzung	6 Crew + 18 Gäste
Jahr der Fotografie	1976
Ort der Fotografie	Plymouth, England

POGORIA

POGORIA lief im Januar 1980 auf der Danziger Leninwerft vom Stapel. Ihr Bau war von der Polnischen Yachtsport-Vereinigung gemeinsam mit der Verbindung „Eiserner Schäkel“ in Auftrag gegeben worden. Daher auch das Logo in den Rahsegeln. Kurz nach ihrer Fertigstellung segelte sie bereits im 1980er Tall Ships Race von Kiel nach Amsterdam über Karlskrona und Frederikshavn.

Stählerne Pfahlmasten und festpositionierte Rahen kennzeichnen den polnischen Großseglerstil. Ursprünglich war der Besan gaffelgetakelt, doch wurde er wegen zu hoher Luvgierigkeit auf Bermuda umgeriggt. Bei POGORIAs Konstruktion spielte ihre künftige Leistungsfähigkeit auf Großsegler-Regatten eine Rolle, und sie hat sich als schnelles Schiff mit guten Amwind-Eigenschaften erwiesen. Sie wurde als Jugendschulschiff konzipiert und fuhr als erstes Schiff des Ostblocks auch westliche Trainees, die in Devisen bezahlten, in ihrer Crew.

Im Südsommer 1980 bis 1981 wurde sie von der Polnischen Akademie der Wissenschaften als Hilfsschiff zur Unterstützung der polnischen Forschungsstation auf King George Island in der Antarktis gechartert. Auf dieser Reise lief sie auch Stanley auf den Falklandinseln und die Insel Südgeorgien an. 1982 nahm POGORIA am Tall Ships Race von Falmouth nach Southampton über Cadiz und Lissabon teil. Von September 1983 bis Mai '84 segelte sie für das Projekt „Schwimmende Klassenzimmer“ mit jungen Polen und einigen jungen und älteren Trainees aus dem Westen einmal rund um Afrika, mit Abstecher nach Bombay und Colombo.

Von 1985 bis 1991 war sie in fester Charter für die Canadian Educational Alternative aus Ottawa und Montreal als schwimmende Schule im Dienst. Nur während der Schulferien und für Überholungsarbeiten wurden die Reisen unterbrochen. Zu der polnischen Crew von neun Personen gesellten sich 20 bis 40 kanadische Schüler mit ihren Lehrern. 1985 bis 1986 segelte POGORIA abermals rund um Afrika und von 1987 bis 1988 einmal westwärts um die Welt, anschließend im Atlantik zwischen Europa, Amerika und Afrika. Weihnachten 1991 in Kapstadt endete die Charter, da die Kanadier seit 1992 ihr eigenes Segelschiff haben: Ähnlich der POGORIA, nur etwas größer, wurde die CONCORDIA ebenfalls in Polen, in Stettin, gebaut. Nach einigen Tagesfahrten von Kapstadt aus setzte POGORIA Segel zur Heimreise. 1994 nahm sie am Windjammertreffen in Rouen teil.

POGORIA ist das erste einer Reihe sehr ähnlicher Bauten. 1982 folgte die ISKRA der polnischen Marine, 1984 Bulgariens KALIAKRA (S. 118) und 1985 OCEANIA der Polnischen Akademie der Wissenschaften. OCEANIA ist allerdings nicht als Barkentine getakelt, sondern mit einem halbautomatischen Rigg zu Forschungszwecken ausgerüstet, das an jedem der drei Masten ein einzelnes, sehr großes Rahsegel mit Rollreff führt.

Schiffsname	POGORIA
Baujahr	1980
Konstrukteur	Zygmunt Choren
Bauwerft	Stocznia Gdanska, Gdansk, Polen, ehemals Leninwerft, Danzig
Eigentümer	Polnische Yachtsport-Vereinigung
Flaggenstaat	Polen
Rigg	Barkentine
Bauart	Stahl, Stahldecks
Länge ü. a.	46,8 m
Rumpflänge	42,0 m
Länge CWL	34,5 m
Breite	8,0 m
Tiefgang	3,7 m
Tonnage	289 grt, 41 nrt, 314 t TM
Segelfläche	1050 qm
Maschine	310 PS Wola Warszawa
Besatzung	10 Crew + 44 Trainees
Jahr der Fotografie	1982
Ort der Fotografie	Falmouth, England

PZ-1980
POGORIA
GDANSK

POLYNESIA II

POLYNESIA II, die ehemalige ARGUS, war einer der letzten portugiesischen Bankschoner. Bis in die 70er Jahre hinein segelte sie jedes Jahr hochbeladen mit Dories auf Sechsmonatsreisen nach Neufundland und Grönland. Hier setzte sie ihre Dories aus, um mit Langleinen dem Kabeljau nachzustellen. Der Fang wurde an Bord gleich verarbeitet, eingesalzen und am Ende der Reise in Portugal gelöscht. Das Leben dieser Fischer ist eingehend von dem australischen Seemann und Schriftsteller Alan Villiers beschrieben worden, der auf der ARGUS einen Dokumentarfilm drehte und das Buch „Tausend bunte Segel" schrieb.

Obwohl die meisten der portugiesischen Fischereischoner in Portugal gebaut wurden, war die ARGUS in Holland auf Kiel gelegt worden. Ihr viermastiges Gaffelschonerrigg war am Fockmast mit einer Breitfock ausgestattet. Darüber hinaus war sie von Anfang an mit einer 475 PS starken Maschine ausgerüstet worden. Ihre volle Fischereibesatzung betrug 72 Mann. Die meisten von ihnen gingen bei den Großen Bänken in die 52 Dories, die an Deck ineinandergestapelt gefahren wurden.

Nachdem ihre Fischereizeit unter Segeln endgültig zu Ende war, erwarb sie ein kanadisches Syndikat, das sie 1974 an Mike Burke weiterverkaufte. Der suchte für seine Windjammerflotte nach Ersatz für den 1928 gebauten Stagsegelschoner POLYNESIA, der 1971 bei Kuba auf ein Riff gelaufen und von Fidel Castros Behörden beschlagnahmt worden war.

Seit 1947 war Mike Burke im Chartergeschäft. Er war der erste, der im großen Stil in der Karibik Touristenkreuzfahrten unter Segeln anbot. Bis heute haben seine Windjammer über eine Million Passagiere befördert, von denen 40 Prozent mehr als einmal auf seinen Schiffen mitsegelten. Burkes Erfolgsrezept war einfach: Große alte Segelyachten oder ehemalige Handelssegler mit möglichst vielen Passagierkabinen auszubauen, um preiswerte, zwanglose Ferienreisen unter Segeln von ein bis zwei Wochen Dauer anzubieten.

Insgesamt hat Mike Burke bis heute 22 Schiffe besessen, die meisten davon Segler. Seine derzeitige Flotte besteht aus sechs Fahrzeugen: Der POLYNESIA II, der FANTOME III (S. 96), den Dreimast-Stagsegelschonern FLYING CLOUD, MANDALAY und YANKEE CLIPPER sowie dem Motorschiff AMAZING GRACE. Ein Viermast-Stagsegelschoner nahm 1992 seinen Betrieb auf.

ARGUS wurde in POLYNESIA II umgetauft. Sie wurde um ein Deck erhöht, um Platz für 57 Passagierkabinen für insgesamt 126 Passagiere zu schaffen. Neue stagsegelgetakelte Pfahlmasten wurden eingesetzt. Der Besan besitzt Bermudasegel, am Vormast wird eine Rahfock gefahren.

POLYNESIA II war innerhalb der Karibik in wechselnden Fahrtgebieten im Einsatz. In St. Martin stationiert, segelt sie sechstägige Kreuzfahrten nach St. Barts, St. Kitts, Saba, Statia, Prickly Pear und Anguilla in der ersten und dritten Woche jedes Monats, nach St. Barts, Nevis, Monserrat, St. Kitts und Anguilla in der zweiten und vierten Woche. Einige Törns sind nur für Singles reserviert, andere bieten zusammen mit der FLYING CLOUD den „Folgeservice": Trauung an Bord mit anschließender Hochzeitsreise unter Segeln.

Schiffsname	POLYNESIA II, ex-ARGUS
Baujahr	1938
Bauwerft	De Haan & Oerlmans, Heusden, Niederlande
Eigentümer	Polynesia S.A.
Flaggenstaat	Honduras
Betreiber	Windjammer Inc., Miami Beach, Florida, USA
Rigg	Viermast-Stagsegelschoner mit Fockrah
Bauart	Stahl, Teakdeck
Länge ü. a.	75,6 m
Rumpflänge	64,0 m
Länge CWL	52,9 m
Breite	9,8 m
Tiefgang	5,9 m
Tonnage	430 grt, 306 nrt
Segelfläche	2044 qm
Maschine	1 x 700 PS MAN
Besatzung	45 Crew + 126 Passagiere
Jahr der Fotografie	1982
Ort der Fotografie	Antigua

QUEEN GALADRIEL

QUEEN GALADRIEL wurde 1937 als Handelsketsch ELSE von der J. Ring Andersen Werft in Svendborg gebaut. Die Werft ist berühmt für seine Ostseesegler, und die restaurierte QUEEN GALADRIEL bietet heute das typische Bild eines Ostseefahrers aus der ersten Hälfte dieses Jahrhunderts.

Sie begann ihre Laufbahn unter dem Namen ELSE, nach der Tochter des ersten Eigentümers, mit dem Transport von Kohle, Getreide und anderer Schüttladungen in der Ostsee und bis hinauf nach Norwegen. 1956 kaufte sie der Norweger Bjørn Stensland, der ihren Großmast 4,6 Meter über Deck absägte und zum Lademast umtakelte. ELSE fuhr nun als Kümo. 1970 wurde sie an das Ehepaar Shattuck aus den USA und kurze Zeit später an den Briten Don Knights weiterverkauft. Er verankerte sie 1971 auf dem Fluß Crouch in Essex und vergaß sie.

1974 sank ELSE an der Mooring. Sie wurde geborgen und 1975 für 500 Pfund an Jean Thursten und eine Gruppe junger Leute verkauft, die versuchten, sie wieder instand zu setzen. Am gleichen Versuch ging Robert Norton, der sie etwas später erwarb, beinahe bankrott. Er änderte ihren Namen in ELSE OF THISTED - Thisted in Dänemark war ihr erster Registrierhafen. 1983 kam die Ketsch dann zum Cirdan Trust und wurde in QUEEN GALADRIEL umgetauft.

Die treibende Kraft des Cirdan Trust ist der Geistliche Bill Broad. Er hatte die Stiftung 1982 gegründet, um verschiedenen Jugendgruppen Segelmöglichkeiten zu eröffnen. Dabei wird nicht nach Konfessionen unterschieden. Das Schiff wird mit einer Kerncrew zu Selbstkosten an Jugendorganisationen verchartert. Diese bestimmen dann den Stil der Reise und die Reiseziele unter Einhaltung gewisser Richtlinien selbst. Das erste Schiff des Trusts war eine 10-Meter-Bermuda-Slup aus GFK. Mittlerweise ist der Trust außerdem Eigner der Themse-Barge XYLONITE und der Hochseeyacht ARWEN OF BURNHAM. Cirdan, Arwen und Galadriel sind Namen aus Tolkiens Roman „Der Herr der Ringe“.

1984 wurde QUEEN GALADRIEL als Schulschiff in Dienst gestellt. Ihre drei Mann starke Stammbesatzung wohnt hinten. Im ehemaligen Laderaum sind an den Seiten Kojen für bis zu 14 Trainees eingebaut. Für vier erwachsene Betreuer gibt es zwei Doppelkabinen. Altersgrenzen oder die Entscheidung für Jungen-, Mädchen- oder gemischte Gruppen bleiben ganz den Charterern überlassen. Gelegentlich, wenn es die Fahrpläne erlauben, wird QUEEN GALADRIEL auch von Oldtimerclubs oder der Tolkien Society gechartert. Der Trust selbst vermietet Kojenplätze auch an Einzelpersonen, zum Beispiel bei der Teilnahme an Tall Ships Races oder an Segelfestivals wie dem Oldtimertreffen in Brest im Juli 1992.

1987 beging QUEEN GALADRIEL ihren 50. Geburtstag mit einem Segeltörn nach Svendborg zu ihrer Bauwerft. Doch ihr normales Einsatzgebiet liegt in der Nordsee und im Englischen Kanal.

Schiffsname	QUEEN GALADRIEL, ex-ELSE OF THISTED, ex-ELSE
Baujahr	1937
Konstrukteur	J. Ring Andersen
Bauwerft	J. Ring Andersen Werft, Svendborg, Dänemark
Eigentümer	Cirdan Trust, Chelmsford, England
Flaggenstaat	Großbritannien
Rigg	Ketsch
Bauart	Holz
Länge ü. a.	31,7 m
Rumpflänge	22,9 m
Länge CWL	21,3 m
Breite	6,8 m
Tiefgang	2,1 m
Tonnage	85 grt, 75 nrt, 130 tdw
Segelfläche	230 qm
Maschine	200 PS Cummins
Besatzung	3 Stammbesatzung + 4 Betreuer + 14 Trainees
Jahr der Fotografie	1987
Ort der Fotografie	Cowes, England

QUEEN GALADRIEL

RAPHAELO

Die RAPHAELO wurde bei der bekannten Werft der Benetti-Brüder in Viareggio als einer der letzten italienischen Handelsschoner in Eiche gebaut. Sie lief 1938 vom Stapel, aber durch den Ausbruch des Zweiten Weltkrieges zögerte sich die Fertigstellung bis 1941 hin. Ihr ursprünglicher Name war GERLANDO, sie war als Dreimastgaffelschoner getakelt und transportierte Marmor aus den Steinbrüchen von Carrara - ein Handel, der bis in die Antike zurückreicht. Bis in die späten 50er Jahre belieferte GERLANDO Abnehmer im ganzen Mittelmeer mit Carrarer Marmor. Dann wurde sie in Ägypten „entdeckt" und von der Firma Karma S.A. für einen italienischen Gentleman erworben, der sie zur Luxusyacht umbauen lassen wollte.

Der Umbau dauerte von 1960 bis '61 und wurde auf der Valdettaro Werft in La Grazie bei La Spezia vorgenommen. Die Umbaupläne des Rumpfes stammten von Anselmi Boretti, der auch die Bauaufsicht übernahm. Es war sein Debüt. Später gelangte er als Yachtkonstrukteur zu weltweitem Ansehen. Die Takelage und verschiedene Details wurden von Camper & Nicholsons aus Southampton gezeichnet. Der ganze Bau unterstand der Kontrolle des American Bureau of Shipping.

Die neuerstandene Yacht hieß TAITU nach einer äthiopischen Prinzessin der Antike. Überall im Schiff und auch auf einigen der Segel ist ihr Profil zu sehen. TAITU wurde 1961 unter panamesischer Flagge in Dienst gestellt, später jedoch wieder unter italienische Flagge gebracht und in Messina als Eigentum von Signor Matacena registriert. Die Gästeliste der Yacht umfaßt illustre Namen wie Prinzessin Margaret und Aga Khan.

1982 erwarb die Firma Almacoal Ltd den Schoner, nannte ihn RAPHAELO und registrierte ihn in Douglas auf der Isle of Man. Einige Jahre zuvor war der Großmast wegen Fäulnis im Mastfuß um die schadhafte Stelle gekürzt worden. Deshalb wurde 1983 ein neuer Mast in alter Länge gesetzt. Aus einem Teil des alten Mastes wurde ein neuer Klüverbaum gefertigt, der das Schiff von 43,75 auf 49,40 Meter verlängerte.

Zwischen der erhöhten Back und dem Poopdeck liegt das lackierte Mahagoni-Deckshaus, in dem sich der luxuriös ausgestattete Deckssalon befindet. Hier findet man lackierte Täfelungen, roten Teppichboden, polierte Messingbeschläge und Sitzgruppen aus schwarzem Leder. Über eine Wendeltreppe gelangt man ein Deck tiefer zu einem weiteren Salon und zu den Wohnräumen des Eigners und seiner Gäste. Obwohl vollkommen in dunklem Naturholz getäfelt, bekommen diese Räume doch reichlich Licht durch Skylights und Bullaugen.

Auf der RAPHAELO fährt eine zwölf Mann starke Berufsbesatzung aus britischen Offizieren, einem europäischen Koch und einer philippinischen Deckscrew. Die Yacht gehört einem deutsch-englischen Gentleman, der sie in Cannes stationiert hat. Ihr Heimatrevier sind die Mittelmeerküsten von Frankreich, Spanien und Italien, aber sie war auch schon auf den Kanarischen Inseln.

Schiffsname	RAPHAELO, ex-TAITU, ex-GERLANDO
Baujahr	1938-41
Konstrukteur	Anselmi Boretti (für den Umbau)
Bauwerft	Cantieri Navali Fratelli Benetti, Viareggio, Italien
Eigentümer	Raphaelo Marine Ltd, Isle of Man, England
Flaggenstaat	Großbritannien
Rigg	Dreimast-Stagsegelschoner
Bauart	Holz, Teakdeck
Länge ü. a.	49,4 m
Rumpflänge	37,3 m
Länge CWL	31,9 m
Breite	8,5 m
Tiefgang	3,8 m
Tonnage	282 grt, 215 nrt, 435 td
Segelfläche	930 qm total
Maschine	2 x 450 PS General Motors auf Doppelschrauben
Besatzung	12 Crew + Eigner + 10 Gäste
Jahr der Fotografie	1990
Ort der Fotografie	St. Tropez, Frankreich

ROYALIST

Das britische Sea Cadet Corps (SCC) ist eine nationale Organisation, ähnlich der deutschen Marinejugend, die Jungen zwischen 13 und 18 Jahren in den Ferien und in ihrer schulfreien Zeit eine Segelausbildung und Freizeit auf dem Wasser anbietet. Das Corps ist eng mit der Royal Navy verbunden, und seine Zweckbestimmung liegt darin, junge Leute für die Marinelaufbahn zu motivieren, ohne sie dafür zu verpflichten. Das SCC besteht aus vielen Einheiten, die über das ganze Königreich verstreut sind. Viele besitzen ihre eigenen kleinen Schulungsfahrzeuge, doch vor dem Stapellauf der ROYALIST gab es kein gemeinsames Segelschulschiff für die Hochsee.

Als das SCC 1966 die Brigantine CENTURION (nicht die auf S. 60, doch eine vorige Yacht des Eigners) charterte und mit ihr in ihrer Klasse das Tall Ships Race gewann, ermutigt der Erfolg den SCC, über ein eigenes Schulschiff nachzudenken.

ROYALIST wurde von dem Konstrukteur Colin Mudie gezeichnet, der später auch die Bark LORD NELSON (S. 132) und die Brigantine YOUNG ENDEAVOUR (S. 204) entwarf. Alle drei haben deutliche Ähnlichkeiten. Nach den Plänen der ROYALIST ist 1980 in Bombay ein Schwesterschiff, die VARUNA, für das Bombay Sea Cadet Corps vom Stapel gelaufen.

Der Rumpf der ROYALIST entspricht dem einer großen Kreuzeryacht mit Langkiel und Außenballast. Das Flushdeck ist von einem versenkten Deckshaus mit dahinterliegendem Cockpit unterbrochen. Stählerne Pfahlmasten, Aluminiumrahen und ein Nirostarigg charakterisieren die Takelage. Die 24 Kadetten sind in zwei Abteilungen im Vorschiff untergebracht, die durch eine wasserdichte Schotttür miteinander verbunden sind. In der größeren, hinteren Abteilung liegt auch die Kadettenmesse. Die Stammbesatzung besteht aus Kapitän, Navigationsoffizier und Ingenieur, die Einzelkammern bewohnen. Bootsmann und Bootsführer teilen eine Doppelkammer. Vier Marineoffiziere schlafen in der dafür ausgestatteten Offiziersmesse. Auf längeren Törns fährt auch ein Koch mit.

ROYALISTs Heimathafen ist Gosport in Hampshire, aber während der Segelsaison segelt sie nach einem bestimmten Fahrplan an den Küsten Englands entlang, um den Trainees zu lange Anfahrtwege zu ersparen. Von Anfang März bis spät in den November fährt ROYALIST in der Regel Einwochentörns. Einige Törns werden komplett von einzelnen Sea Cadet Corps-Einheiten gebucht, auf anderen Törns segeln Angehörige des SCC aus verschiedenen Einheiten. Die Marineoffiziere gehören entweder zu den gleichen Einheiten wie die Seekadetten, oder sie gehören dem Förderverein der ROYALIST an, dem Square Riggers Club. Auf den meisten Törns werden sechs Kojen für weibliche Kadetten des Girls' Nautical Trainings Corps reserviert, einzelne Törns werden ganz vom GNTC gebucht. An Wochenenden werden gelegentlich kurze Törns für Erwachsene vom Square Riggers Club veranstaltet. ROYALIST nimmt regelmäßig an Großsegler-Regatten teil und hat bereits viele Preise gewonnen.

Schiffsname	ROYALIST
Baujahr	1971
Konstrukteur	Colin Mudie
Bauwerft	Groves & Guttridge, Cowes, England
Eigentümer	Sea Cadet Corps, Gosport, England
Flaggenstaat	England
Rigg	Brigg
Bauart	Stahl, aufgesetztes Teakdeck
Länge ü. a.	29,6 m
Rumpflänge	23,3 m
Länge CWL	19,2 m
Breite	5,9 m
Tiefgang	2,8 m
Tonnage	83 grt, 67 nrt, 110 t TM, 103 td
Segelfläche	433 qm
Maschine	2 x 230 PS Perkins auf Doppelschrauben
Besatzung	5 Stammbesatzung + Koch + 4 Marineoffiziere + 24 Kadetten
Jahr der Fotografie	1971
Ort der Fotografie	Cowes, England

TS
23

R. TUCKER THOMPSON

Im Jahr 1982 begann R. Tucker Thompson, ein amerikanischer Großsegler-Kapitän, in Mangawhai, einer kleinen Stadt in Neuseeland zwischen Auckland und Whangarei, mit dem Bau eines stählernen Schoners nach eigenen Entwürfen. Dabei halfen ihm sein Sohn Tod Thompson, der Neuseeländer Russel Harris und einige Bewohner von Mangawhai. R. Tucker Thompson starb, bevor er das Schiff zu Ende gebaut hatte. Doch sein Sohn und dessen Freund setzten sein Werk fort und ließen am 12. Oktober 1985 den Schoner vom Stapel. Er wurde nach seinem Konstrukteur und Erbauer genannt. Einige Tage später überquerte die R. TUCKER THOMPSON die vorgelagerte Mangawhai-Barre und verholte zur Inspektion in ihren künftigen Heimathafen Whangarei.

Der Toppsegelschoner zeichnet sich durch Handigkeit und gute Segeleigenschaften aus. Die eleganten Linien des Stahlrumpfes werden durch schöne Holzarbeiten vom Schanzkleid aufwärts noch hervorgehoben. Tatsächlich vergißt man, wenn man an Deck steht, leicht, daß sie eine Stahlkonstruktion ist. Deck, Schanzkleid, Masten und Spieren bestehen aus Holz. Die Inneneinrichtung ist behaglich.

R. TUCKER THOMPSON begann ihre Laufbahn mit Tagestörns von Opua oder Russell aus in die schöne Bay of Islands. Ihre Eigner wechselten sich in der Schiffsführung ab. Nach dem Auslaufen gab es selbstgebackene Brötchen und Kaffee. Später ging der Schoner in einer geschützten Bucht vor Anker und die Passagiere wurden zum Baden an Land gerudert. Am Nachmittag setzte man Segel für die Rücktour.

1986 wurde die R. TUCKER THOMPSON für einen neuseeländischen Kinderfilm gechartert, in dem der Schoner als SEA WOLF auftrat. Anschließend ergab sich eine Charter zum australischen First Fleet Re-enactment. Das bedeutete zunächst eine Reise um die halbe Welt nach London. Über die Osterinsel und Panama erreichte das Schiff schließlich St. Katherine's Dock in London im April 1987. Dort sammelte sich ein großer Teil der Flotte vor dem Aufbruch nach Portsmouth. Die Reise nach Australien startete am 13. Mai im Solent, 200 Jahre nachdem die First Fleet aus elf Schiffen, beladen mit Baumaterialien und Sträflingen, Segel Kurs Australien gesetzt hatte.

Die Reise ging über Teneriffa, die Kapverdischen Inseln, Salvador, Rio, Kapstadt, Mauritius, Freemantle und eine Reihe von australischen Häfen der Südküste bis nach Sydney. Die Chase Corporation, zu der auch Hanimex und Fuji gehören, machte zwischen Freemantle und Sydney Werbeaufnahmen auf der R. TUCKER THOMPSON und übernahm als Gegenleistung dafür einen Teil der Reisekosten.

Nach der Segelparade in Sydney am 26. Januar 1988 kreuzte die Flotte vier Monate lang an den australischen Küsten. Danach kehrte R. TUCKER THOMPSON nach Neuseeland zurück. Zusammen mit der SØREN LARSEN, der ANNA KRISTINA und der TRADEWIND fuhr sie anschließend Charterreisen nach Polynesien, doch bald kehrte sie zurück und unternimmt seit 1989 wieder kürzere Kreuzfahrten und Badetörns in heimischen Gewässern.

Schiffsname	R. TUCKER THOMPSON
Baujahr	1982-85
Konstrukteur	R. Tucker Thompson
Erbauer	R. Tucker Thompson, Tod Thompson und Russel Harris, Mangawhai, Neuseeland
Eigentümer	Tod Thompson und Russel Harris, Opua, Neuseeland
Flaggenstaat	Neuseeland
Rigg	Toppsegelschoner
Bauart	Stahl, Holzdeck
Länge ü. a.	25,9 m
Rumpflänge	18,3 m
Länge CWL	16,8 m
Breite	4,6 m
Tiefgang	2,4 m
Tonnage	45 grt, 33 nrt, 55 td
Segelfläche	260 qm
Maschine	120 PS Ford
Besatzung	4-6 Crew + 10-12 Mitsegler (16 zusammen) oder 41 Tagesgäste
Jahr der Fotografie	1987
Ort der Fotografie	Solent, England

SAGRES

Die Kiellegung der Bark fand im Juni 1937 statt, der Stapellauf im Oktober desselben Jahres unter dem Namen ALBERT LEO SCHLAGETER. Sie war das dritte Schulschiff der Marine des Deutschen Reiches und hatte eine Besatzung von 298 Mann. Nach Ausbruch des Zweiten Weltkrieges unternahm sie nur noch kurze Reisen in die Ostsee. Dort lief sie auf eine Mine und wurde auf der Höhe des Maschinenraumes schwer beschädigt.

Nach Ende des Krieges wurde sie von den USA beschlagnahmt. Da die Amerikaner keine Verwendung für sie hatten, wurde sie 1948 an Brasilien übergeben, das sie als Segelschulschiff der Marine unter dem Namen GUANABARA, nach der Bucht bei Rio de Janeiro, wieder in Dienst stellte.

In den späten 50er Jahren suchte die portugiesische Marine nach einem Ersatz für ihre SAGRES. Unter diesem Namen betrieb sie seit 1924 den zur Bark umgetakelten, früheren deutschen Kap-Hoorn-Segler, die 1896 in Bremerhaven gebaute RICKMER RICKMERS. 1961 fanden die Portugiesen ihren Ersatz. Sie kauften die GUANABARA, übertrugen ihr den Namen SAGRES und benannten die alte SAGRES in SANTO ANDRÉ um. Diese diente von da an als Depotschiff, aufgelegt bei der Marineschule in Alfeite bei Lissabon. 1983 wurde sie nach Deutschland verkauft. Man verholte sie nach Hamburg und restaurierte sie unter ihrem alten Namen RICKMER RICKMERS als Museumsschiff.

Die neue SAGRES segelte 1962 nach Portugal. Der Name SAGRES ist abgeleitet von der südportugiesischen Hafenstadt Sagres, wo Heinrich der Seefahrer Europas erste Navigationsschule gegründet hatte und wo viele portugiesische Entdeckungsreisen begannen. Der Bug der SAGRES wird, wie bei ihrer Vorgängerin, von der Büste Heinrichs des Seefahrers geziert. Auf ihren Segeln leuchten in Rot die lusitanischen Kreuze. Auf Bildern erkennt man den Unterschied zwischen den beiden Barken am schnellsten an der doppelten Besangaffel der neuen SAGRES und an ihrem, im Gegensatz zur heutigen RICKMER RICKMERS, mittschiffs unterbrochenen Schergang.

SAGRES ist viel unter Segeln, meist auf langen Reisen. Wie ihre Vorgängerin nimmt sie regelmäßig an Großsegler-Regatten teil. Zum Beispiel segelte sie im Juni 1983 von Lissabon zum Weltsegelfestival nach Osaka über Teneriffa, La Guaira in Venezuela, Panama, San Diego, San Francisco und Honolulu. Den Rückweg nahm sie über Korea, Shanghai, Macao, Singapur, weiter durch die Malakkastraße nach Bombay, Dschidda, Suez und Tunis. Im März 1984 segelte sie zurück in den Tejo. Nach kurzer Überholung setzte sie wieder Segel Kurs über Bermuda zum Tall Ships Race nach Halifax. SAGRES war Teilnehmerin an der Sail '89 in Hamburg, der Sail '90 in Bremerhaven und segelte die Kolumbus-Regatta 1992. Auch in Rouen war sie 1994 auf der Seine zu Gast.

Schiffsname	SAGRES, ex-GUANABARA, ex-ALBERT LEO SCHLAGETER
Baujahr	1937
Konstrukteur	Blohm & Voss
Bauwerft	Blohm & Voss, Hamburg
Eigentümer	Portugiesische Marine
Flaggenstaat	Portugal
Rigg	Bark
Bauart	Stahl, aufgesetztes Teakdeck
Länge ü. a.	89,5 m
Rumpflänge	81,2 m
Länge CWL	70,1 m
Breite	12,0 m
Tiefgang	5,5 m
Tonnage	1784 t TM, 1869 td
Segelfläche	1935 qm
Maschine	1 x 750 PS MAN
Besatzung	163 Crew + 80 Kadetten
Jahr der Fotografie	1982
Ort der Fotografie	Newport, Rhode Island, USA

SEA CLOUD

SEA CLOUD wurde gebaut als größte und luxuriöseste Privatyacht, die die Welt je gesehen hatte. Der amerikanische Multimillionär Edward Hutton schenkte sie seiner Frau Marjorie Merriweather Post zur Hochzeit. Hutton hatte bereits eine Yacht besessen, die schwarze HUSSAR. Nach ihr benannte er die neue Yacht HUSSAR II und ließ ihren Rumpf ebenfalls schwarz malen. Von 1932 bis 1935 unternahmen die Huttons Kreuzfahrten mit illustren Gästen aus dem Hochadel, vom Film und aus der Geschäftswelt. Als sie sich scheiden ließen, segelte Marjorie mit der Yacht ihrer Wege. Da Edward den Namen HUSSAR für seine nächste Yacht verwenden wollte, benannte Marjorie die Bark in SEA CLOUD um.

1935 heiratete Marjorie den amerikanischen Diplomaten Joseph Davies. Als er zum Botschafter in Moskau ernannt wurde, nahmen sie die inzwischen weißlackierte SEA CLOUD mit und machten sie in Leningrad fest. Den Sowjetbürgern war der Zutritt zu dieser „Erzkathedrale des Kapitalismus" von Stalin untersagt. Als Davies nach Belgien versetzt wurde, verholte das Ehepaar die SEA CLOUD nach Antwerpen.

1942 wurde die Viermastbark von der US-Marine requiriert, grau gestrichen und ohne Takelage als Wetterschiff und Patrouillenboot mit einer Besatzung von 300 Mann gegen U-Boote an der Ostküste der Vereinigten Staaten eingesetzt. 1944 wurde sie Marjorie Davies zurückgegeben und 1947 vollkommen restauriert.

1952 kaufte der dominikanische Diktator Rafael Trujillo die SEA CLOUD und nannte sie ANGELITA, nach seiner Tochter. Nach seiner Ermordung wurde die Yacht von seiner exilierten Familie an John Blue aus Florida verkauft, der sie als PATRIA in Panama registrierte. Sie wurde 1967 bis '68 in Neapel überholt und 1969 an die amerikanische Firma Antarna Inc. verkauft, die sie ANTARNA nannte. Man beließ sie unter panamesischer Flagge, rüstete sie für Charterreisen aus, legte sie jedoch 1974 auf und „vergaß" sie in der Bucht von Cristóbal am Eingang des Panamakanals.

Auf Initiative des damaligen Kapitäns der ARIADNE (S. 108), Hartmut Paschburg, wurde sie 1978 in heruntergekommenem Zustand von einem deutschen Syndikat von Schiffseignern und Geschäftsleuten erworben. Sie erhielt wieder den Namen SEA CLOUD und wurde nach provisorischer Instandsetzung zur Scheel & Joehnk Werft nach Hamburg verholt. Dort wurde sie von Grund auf wiederhergerichtet und ein zusätzliches hinteres Deckshaus mit 14 Passagierkabinen eingebaut. Das mittlere Deckshaus wurde für acht weitere Kabinen aufgestockt. Erstaunlicherweise sind die 13 Luxuskabinen unter Deck, mit marmornen Badewannen und massiv goldenen Wasserhähnen, über die wechselvollen Zeiten erhalten geblieben.

1978 nahm SEA CLOUD ihre Passagierkreuzfahrten auf. Die Flagge der Cayman Islands wehte zunächst am Heck, heute ist die Viermastbark in Malta registriert.

1987 führte der Kurs in den Pazifik, die sonnigen Reviere sind auch weiterhin das bevorzugte Ziel der Passagiere: Im Sommer das östliche Mittelmeer und im Winter die Karibik.

Schiffsname	SEA CLOUD, ex-ANTARNA, ex-PATRIA, ex-ANGELITA, ex-SEA CLOUD, ex-HUSSAR II
Baujahr	1931
Bauwerft	Friedrich Krupp Germaniawerft, Kiel
Eigentümer	Hansa Cloud Sailing Ltd, La Valetta, Malta
Betreiber	Sea Cloud Cruises GmbH, Hamburg
Flaggenstaat	Malta
Rigg	Viermastbark
Bauart	Stahl, aufgesetztes Teakdeck
Länge ü. a.	109,5 m
Rumpflänge	96,3 m
Länge CWL	77,2 m
Breite	14,9 m
Tiefgang	5,1 m
Tonnage	2523 grt, 1147 nrt, 3530 td
Segelfläche	3000 qm
Maschine	4 x 1500 PS Enterprise auf Doppelschrauben
Besatzung	60 Crew + 68 Passagiere
Jahr der Fotografie	1980
Ort der Fotografie	Kiel

SEDOV

Die SEDOV ist das größte klassische Segelschiff der Welt, wenn man einmal die Kreuzfahrtschiffe der WIND STAR-Serie außer Acht läßt, die einen völlig anderen Schiffstyp darstellen. Sie wurde 1921 für die Bremer Reederei F.A. Vinnen als MAGDALENE VINNEN gebaut. Sie sollte in der Salpeterfahrt eingesetzt werden, besaß aber von Anfang an eine Hilfsmaschine und Unterkünfte für 60 Handelsschiffskadetten. 1936 wurde sie an den Norddeutschen Lloyd verkauft und in KOMMODORE JOHNSEN umgetauft. Die Unterbringungsmöglichkeiten wurden erweitert, indem man das Well zwischen Achterdeck und Liverpoolhaus schloß. So erhielt sie ein riesiges Achterdeck. Die Bark blieb in der Frachtfahrt und fuhr nun Getreide von Südaustralien. Während des Krieges war sie als reines Schulschiff im Sommer in der Ostsee eingesetzt und lag im Winter in Flensburg.

Nach dem Krieg wurde sie den sowjetischen Behörden übergeben, die sie nach Swinemünde schleppten und als SEDOV der sowjetischen Ostseeflotte unterstellten, benannt nach dem russischen Polarforscher Georgij J. Sedov.

Doch erst 1952 war SEDOV wieder soweit instand gesetzt, daß sie ihren Dienst als Schulschiff aufnehmen konnte. 1957 nahm sie an den Forschungen des Internationalen Geophysikalischen Jahres teil und segelte unter der Regie der Sowjetischen Akademie der Wissenschaften nach Afrika, Westindien, Nordamerika und ins Mittelmeer. Von 1962 bis 1965 segelte sie gemeinsam mit der KRUSENSTERN (S. 124) als Schulschiff und für ozeanographische Untersuchungen.

1965 wurden beide Viermastbarken dem Fischereiministerium als Schulschiffe für Mannschaften und Offiziere der Seefischerei unterstellt. 1972 wurde SEDOV grundüberholt, wobei man ihre alte Maschine von 500 PS durch eine neue von 1180 PS ersetzte. Im Juni 1981 verließ SEDOV ihren Heimathafen Riga zu einer Besuchsreise nach Dänemark. Im Oktober segelte sie rund um Europa nach Sewastopol im Schwarzen Meer, und im folgenden Jahr besuchte sie Hamburg. 1983 war sie beim Windjammer-Treffen in Bremerhaven dabei, wo viele ihrer ehemaligen deutschen Offiziere und Mannschaften an Bord geladen wurden.

1986 nahm SEDOV erstmalig am Tall Ships Race teil. Im Jahre 1989 war sie von London nach Hamburg dabei, erstmalig mit zahlenden Trainees aus dem Westen. Seitdem sind über 800 junge Leute aus dem Westen, meist aus Deutschland, auf ihr gesegelt.

1990 war SEDOV Teilnehmerin an der Sail '90 in Bremerhaven. In Erwartung der lettischen Unabhängigkeitserklärung wurde der Heimathafen von Riga im April 1991 nach Murmansk verlegt.

An der Kolumbus-Regatta 1992 nahm sie mit vielen zahlenden Gästen aus dem westlichen Ausland teil. 1994 war sie in Rouen beim Windjammertreffen auf der Seine zu Gast.

Schiffsname	SEDOV, ex-KOMMODORE JOHNSEN, ex-MAGDALENE VINNEN
Baujahr	1921
Bauwerft	Friedrich Krupp Germaniawerft, Kiel
Eigentümer	Russisches Fischereiministerium
Betreiber	Technische Seefahrtschule, Murmansk, Rußland
Flaggenstaat	Rußland
Rigg	Viermastbark
Bauart	Stahl, aufgesetztes Holzdeck
Länge ü. a.	117,5 m
Rumpflänge	109,0 m
Länge CWL	97,9 m
Breite	14,7 m
Tiefgang	7,5 m
Tonnage	3709 grt, 2972 nrt, 5340 tdw
Segelfläche	4192 qm
Maschine	1 x 1180 PS VEB SKL Magdeburg
Besatzung	64 Stammbesatzung + 180 Kadetten
Jahr der Fotografie	1982
Ort der Fotografie	Southampton, England

SHABAB OMAN

Der eindrucksvolle Schoner wurde 1971 für den Dulverton Trust als Dreimast-Bramsegelschoner CAPTAIN SCOTT gebaut und ist das größte hölzerne Segelschiff, das zur Zeit unter Segeln steht. Sie wurde auf 26-Tage-Törns mit einer achtköpfigen Stammbesatzung, vier zusätzlichen Wachoffizieren und sechsunddreißig Trainees von 16 bis 21 Jahren eingesetzt. In Loch Eil stationiert, segelte sie zwischen den Hebriden. Ihr in der Theorie exzellentes, auf Charakterbildung ausgelegtes Trainingsprogramm mit Inselwanderungen, Camping und Bergsteigen wies bei der praktischen Umsetzung jedoch gewisse Mängel auf. So verlor sie die notwendige finanzielle Unterstützung und wurde schließlich 1975 aufgelegt.

1977 kaufte sie der Sultan Qaboos bin Said von Oman und taufte sie YOUTH OF OMAN. Sie wurde von schwarz auf weiß umlackiert, eine Notwendigkeit in der heißen arabischen Sonne. Zunächst wurde das Schiff vom Ministerium für Jugendangelegenheiten betrieben, doch es mangelte an Kompetenz für ein derartiges Projekt und es gab Probleme in der Schiffsführung, mit der Borddisziplin und der Instandhaltung, so daß der Schoner 1979 der omanischen Marine unterstellt wurde. Die nannte ihn SHABAB OMAN, was dieselbe Bedeutung hat wie der alte Name, nämlich „Jugend von Oman". Als Kapitän und Offiziere wurden deutsche und britische Nautiker mit Großsegler-Erfahrung eingestellt, die von omanischen Marineoffizieren unterstützt wurden.

Während der gewöhnlichen Dreiwochentörns in omanischen Gewässern segeln neben dem Kapitän und vier Offizieren eine Crew von neun Omanis, zwei Techniker und drei junge Offiziere in der Ausbildung sowie 24 Trainees von 17 bis 25 Jahren, die von der Marine, aus der Armee, der Luftwaffe, der königlichen Leibwache und der Polizei kommen. Außerdem werden Kojen für junge Zivilisten aus dem omanischen Volk freigehalten, die vom Ministerium für Jugendangelegenheiten gesponsert werden.

Die Reichweite des Schoners wurde durch einen Frischwasserbereiter erheblich vergrößert, so daß seit 1983 auch Sechswochentörns veranstaltet werden, auf denen die benachbarten Golfstaaten besucht werden und auch Trainees aus den Nachbarländern mitsegeln.

1984 wurde das Schiff umgetakelt. Auch an der unteren Fockrah wird jetzt ein großes Rahsegel gefahren. Das vordere Gaffelsegel wurde durch zwei Großstagsegel ersetzt, so daß man jetzt von einer Schonerbark sprechen kann.

1984 unternahm SHABAB OMAN eine zweimonatige Reise in den Indischen Ozean und 1986 eine siebenmonatige Reise mit drei Crewwechseln, deren Höhepunkt die New Yorker Operation Sail war. 1987 bis '88 segelte SHABAB OMAN zur 200-Jahr-Feier nach Australien und 1989 nach Westeuropa. Dabei nahm sie viele ausländische Trainees aus anderen Golfstaaten mit, ebenso aus Pakistan und Sri Lanka. Bei Großsegler-Treffen sah man sie in London und Rouen sowie als Teilnehmerin an der Kolumbus-Regatta 1992.

Man erkennt die SHABAB OMAN am weißen Rumpf und an den roten Sultanatswappen in den Segeln.

Schiffsname	SHABAB OMAN, ex-YOUTH OF OMAN, ex-CAPTAIN SCOTT
Baujahr	1971
Konstrukteur	Robert Clark, Victor Clark und Mike Willoughby
Bauwerft	Herd & Mackenzie, Buckie, Schottland
Eigentümer	Sultan Qaboos bin Said von Oman
Flaggenstaat	Oman
Rigg	Dreimast-Bramsegelschoner
Bauart	Holz
Länge ü. a.	54,0 m
Rumpflänge	44,0 m
Länge CWL	36,6 m
Breite	8,5 m
Tiefgang	4,7 m
Tonnage	264 grt, 55 nrt, 380 t TM
Segelfläche	813 qm
Maschine	2 x 250 PS Caterpillar auf Doppelschrauben
Besatzung	16-24 Stammbesatzung + 20-31 Trainees (total 43-54)
Jahr der Fotografie	1989
Ort der Fotografie	Cowes, England

SHENANDOAH

SHENANDOAH ist eine der wenigen großen Yachten, die aus den goldenen Zeiten der Yachtsegelei übriggeblieben sind. Sie wurde von dem bekannten Yachtkonstrukteur T.E. Ferris für den amerikanischen Finanzmann Gibson Fahnestock gezeichnet und bei Townsend & Downey gebaut. Tatsächlich sah sie der nur wenig größeren METEOR III von Kaiser Wilhem II, die zur selben Zeit auf derselben Werft gebaut wurde, sehr ähnlich. Ursprünglich war SHENANDOAH als Dreimast-Toppsegelschoner getakelt. Ihr damaliger Bugspriet war länger, und der Besanbaum überragte das Heck um ein Viertel seiner Länge.

Zunächst segelte Fahnestock von Newport aus, später verholte er SHENANDOAH ins Mittelmeer, wo sie ab 1905 stationiert war. Viele bedeutende Persönlichkeiten der damaligen Zeit waren bei ihr an Bord zu Gast.

1912 erwarb sie der deutsche Landrat von Brüning, der sie LASCA II nannte und nach Kiel brachte. Dort lag sie im Winter. Zur Sommerzeit segelte sie von Cowes aus im Solent. Der Ausbruch des Ersten Weltkrieges machte dem großen Zeitalter des Yachtsegelns ein Ende und ebenso dem Hobby von Brünings. Da LASCA II gerade in Cowes lag, beschlagnahmten die Engländer sie als feindliches Eigentum.

1919 gehörte sie Sir John Espen aus London, der ihr ihren alten Namen zurückgab. 1921 kaufte sie Godfrey H. Williams aus Southampton, 1924 Kapitän de Sales und einige Jahre später Prinz Spado Veralli, der römische Gouverneur, und taufte sie in ATLANTIDE um. 1930 erwarb sie Graf Viggo aus Kopenhagen, der sie nach Dänemark überführte, grundüberholte und modernisierte. Bis 1952 blieb sie in seinem Besitz. Dann verkaufte er sie an die Compania de Navigacion San Augustin aus Honduras.

Auf geheimnisvolle Weise verschwand sie damit aus der Yachtszene und wurde offensichtlich vor den mittelamerikanischen Zollbehörden verborgen gehalten. Als sie in den frühen Sechzigern im Mittelmeer wieder auftauchte, wurde sie vom französischen Zoll konfisziert. Anschließend lag sie an die zehn Jahre verlassen in Südfrankreich, bis sie 1972 der französische Industrielle Baron Bich erwarb. Er ließ sie auf der Voisin Werft in Villefranche restaurieren und taufte sie wieder auf ihren urspünglichen Namen. Bich segelte sie selbst mit Familie und Freunden im Mittelmeer und in der Karibik oder vercharterte sie an ausgewählte Kunden.

1986 kaufte sie der Schweizer Geschäftsmann Philip Bommer, der eine Faible für das Restaurieren klassischer alter Yachten hatte. SHENANDOAH benötigte dringend eine Überholung. Die Inneneinrichtung war in bestem Zustand, doch Masten, Segel, Takelage, Tanks und einige technische Installationen ließen zu wünschen übrig. Als sie vollkommen wiederhergestellt war, benutzte Philip Bommer sie für Kreuzfahrten mit Familie und Freunden im Mittelmeer und in der Karibik. Doch dann reizte ihn ein neues Restaurierungsprojekt. Im Winter 1990 verkaufte er SHENANDOAH an einen Japaner. Kurz darauf setzte sie unter Bermuda-Flagge Segel Kurs Japan. Bommer indes erwarb 1991 die J-Klasse-Yacht VELSHEDA und begann mit den Restaurierungsarbeiten.

Schiffsname	SHENANDOAH, ex-ATLANTIDE, ex-SHENANDOAH, ex-LASCA II, ex-SHENANDOAH
Baujahr	1902
Konstrukteur	Theodore E. Ferris
Bauwerft	Townsend & Downey, Shooters Island, NY, USA
Eigentümer	ein japanischer Geschäftsmann
Flaggenstaat	Bermuda
Rigg	Dreimastschoner mit Fockrah
Bauart	Eisen, Teakdeck
Länge ü. a.	44,2 m
Rumpflänge	38,0 m
Länge CWL	30,5 m
Breite	8,2 m
Tiefgang	4,1 m
Tonnage	280 grt, 225 nrt
Maschine	2 x 350 PS Volvo Penta
Besatzung	14 Crew + 10 Gäste
Jahr der Fotografie	1990
Ort der Fotografie	St. Tropez, Frankreich

SIMON BOLIVAR

SIMON BOLIVAR wurde von der venezolanischen Marine in Auftrag gegeben. Sie ist die dritte von vier auf der Werft ASTACE in Bilbao für lateinamerikanische Staaten gebauten Barken, von denen jede etwas größer war als ihre Vorgängerin. Die erste war GLORIA (S. 102), die zweite GUAYAS (S. 110), die letzte 1982 die mexikanische CUAUTHÉMOC.

Im Juni 1979 wurde SIMON BOLIVAR auf Kiel gelegt. Fünf Monate später lief sie vom Stapel und wurde nach mehreren Probefahrten im August 1980 der venezolanischen Marine übergeben. Ohne den klobigen Brückenaufbau sieht sie besser aus als ihre Vorgängerinnen von dieser Werft. Auf ihrem weißen Rumpf liegen zwei breite schwarze Schergangstreifen, verbunden durch aufgemalte Geschützpforten, die das Schiff optisch flacher erscheinen lassen. Die Galionsfigur, nach einem Entwurf des venezolanischen Bildhauers Manuel Felipe Rincon, versinnbildlicht die Freiheit, die Simon Bolivar einst für Venezuela erkämpfte.

Die SIMON BOLIVAR fährt 92 Mann Stammbesatzung und 102 Kadetten, 18 von ihnen junge Frauen. Nach der Übernahme machte die Bark eine Freundschaftsreise entlang den Küsten Spaniens und Portugals und besuchte El Ferrol, Cadiz, Barcelona und Palma de Mallorca, ehe sie den Atlantik überquerte, mit Kurs ihren neuem Heimathafen La Guaira bei Caracas.

SIMON BOLIVAR unternimmt eine lange Ausbildungsreise pro Jahr. 1981 segelte sie zur Ostküste der Vereinigten Staaten, dann nach Europa und über Teneriffa wieder nach Hause. 1982 fand sie sich zur 300-Jahr-Feier der Stadt Philadelphia ein und segelte dann nach Newport, um am Tall Ships Race nach Lissabon teilzunehmen.

1984 segelte SIMON BOLIVAR im Tall Ships Race Puerto Rico - Bermuda - Halifax - Quebec und 1985 zur Sail Amsterdam. Bei der 1986 New York OpSail lagen alle vier ASTACE-Barken gemeinsam im South Street Seaport. 1987 bis '88 segelte die SIMON BOLIVAR um die Welt und kreuzte auf der Großsegler-Parade in Sydney auf.

Anläßlich der 200-Jahr-Feiern der Französischen Revolution war sie 1989 in Rouen dabei. 1992 gehörte SIMON BOLIVAR zum Teilnehmerfeld der Kolumbus-Regatta. In Rouen war sie nochmals 1994 zu Gast.

Schiffsname	SIMON BOLIVAR
Baujahr	1979-80
Konstrukteur	Senermar, Madrid, Spanien
Bauwerft	Astilleros y Talleres Celaya (ASTACE), Bilbao, Spanien
Eigentümer	Venezolanische Marine
Flaggenstaat	Venezuela
Rigg	Bark
Bauart	Stahl, aufgesetztes Teakdeck
Länge ü. a.	82,4 m
Rumpflänge	70,0 m
Länge CWL	58,5 m
Breite	10,6 m
Tiefgang	4,4 m
Tonnage	934 grt, 1260 td
Segelfläche	1650 qm
Maschine	1 x 750 PS General Motors
Besatzung	92 Stammbesatzung + 102 Kadetten
Jahr der Fotografie	1984
Ort der Fotografie	Bermuda

SIR WINSTON CHURCHILL

Im Jahre 1956 organisierte der Londoner Rechtsanwalt Bernard Morgan das erste Tall Ships Race, um die letzten Großsegler der Welt noch einmal zusammenzubringen. Die Veranstaltung war zunächst als einmaliges Ereignis konzipiert. Doch der Erfolg war so groß, daß das Organisationskomitee sich nach dem Rennen unter dem Namen Sail Training Association (STA) erneut zusammenfand und beschloß, in der Zukunft regelmäßig Großsegler-Regatten zu veranstalten.

Obwohl die Tall Ships Races auf britische Initiative zurückgehen, war Großbritannien selbst, ohne eigenen Großsegler, zunächst nur schwach vertreten. Deshalb beschloß die STA, die Mittel für ein dreimastiges Segelschulschiff aufzubringen, das Großbritannien auf den Tall Ships Races künftig würdig vertreten sollte.

Das Schiff, ein Dreimast-Toppsegelschoner, wurde in Auftrag gegeben, als man die Hälfte der notwendigen Bausumme zusammen hatte. Als nach der Kiellegung im November 1964 das Segelschiffsprojekt nicht mehr länger nur auf dem Papier existierte, fanden sich auch weitere Geldgeber. So wurde der Bau vollkommen durch Spenden finanziert.

Am 31. Oktober 1965, neun Tage vor dem geplanten Stapellauf, warf ein schwerer Sturm den Rumpf vom Helgen, wobei auch die Masten brachen. Durch die Reparaturen verschob sich der Stapellauf bis zum Februar 1966. Trotz der Verzögerung wurde der Schoner wie geplant am 3. März 1966 in Dienst gestellt. Er wurde auf den Namen von Sir Winston Churchill getauft, der im Jahr zuvor gestorben war.

Im Rigg der SIR WINSTON CHURCHILL finden sich die damals hauptsächlich verwendeten Segelarten: Rahsegel, Gaffelsegel, Stagsegel und Bermudasegel. Die Masten sind aus Aluminium, um Gewicht zu sparen, doch die Spieren bestehen aus Holz. Der Rumpf besitzt vier wasserdichte Schottabteilungen. Im großen Deckshaus befindet sich auch die Küche und an der Achterkante das erhöhte Rudercockpit. Die ehemals 36, heute 39 Trainees, drei Wachführer und der Bootsmannsmaat schlafen in dem großen, offenen Schlafdeck vor dem Maschinenraum. Die Stammbesatzung und die Wachoffiziere sind im Achterschiff hinter dem Maschinenraum untergebracht.

SIR WINSTON CHURCHILL sollte neun Monate pro Jahr Zweiwochentörns für junge Männer zwischen 16 und 24 Jahren segeln. Daß sich auch Mädchen für derartige Segelabenteuer interessieren und sogar durchaus in der Lage sein könnten, selbst ein großes Segelschiff zu manövrieren, wurde in der Seglerszene Mitte der 60er Jahre noch kaum angedacht. Doch allein der Andrang junger Männer war so groß, daß der Bedarf nach einem zweiten Schiff offensichtlich wurde. So wurde MALCOLM MILLER (S. 134) in Auftrag gegeben.

Schiffsname	SIR WINSTON CHURCHILL
Baujahr	1966
Konstrukteur	Camper & Nicholsons, Southampton, England
Bauwerft	Richard Dunston, Hessle bei Hull, England
Eigentümer	Sail Training Association Schooners, Portsmouth, England
Flaggenstaat	England
Rigg	Dreimast-Toppsegelschoner
Bauart	Stahl, aufgesetztes Teakdeck
Länge ü. a.	45,8 m
Rumpflänge	41,1 m
Länge CWL	32,0 m
Breite	8,1 m
Tiefgang	4,8 m
Tonnage	218 grt, 32 nrt, 299 t TM
Segelfläche	818 qm
Maschine	2 x 135 PS Perkins auf Doppelschrauben
Besatzung	5 Stammbesatzung + 11 Segeloffiziere + 39 Trainees
Jahr der Fotografie	1976
Ort der Fotografie	Plymouth, England

TS
K1

SØREN LARSEN

SØREN LARSEN wurde 1949 als Dreimast-Handelsschoner mit Hilfsmotor für den Dänen Søren Larsen auf seiner eigenen Werft gebaut. Der Schoner fuhr bis 1972 in der Ost- und Nordseefahrt Holz, Getreide und andere Schüttgutladungen.

Nach zwischenzeitlichem Besitzerwechsel und einer Zeit, die sie in Dänemark aufgelegt verbrachte, wurde sie 1978 von ihren heutigen Eignern, Anthony und Robin Davies, erworben. Sie brachten SØREN LARSEN nach Colchester in Essex, wo sie sie restaurierten und zur Schonerbrigg im Stil der zweiten Hälfte des 19. Jahrhunderts umbauten. In derartigen Arbeiten hatten sie Erfahrung, denn sie besaßen bereits den alten Ostseeschoner CLAUSENS MINDE und den Dreimast-Toppsegelschoner ESTHER LOHSE. Mittlerweile umfaßt ihre Flotte die KASKELOT (S. 120), die PHOENIX (S. 154), SØREN LARSEN, CARRIE und auf dem Helgen einen ehemaligen hölzernen Dreimastschoner, der zu einem Segler im Stil des ausgehenden 18. Jahrhunderts restauriert wird.

Das Deck der SØREN LARSEN wurde in Iroko erneuert und die Masten aus Douglasfichten geschnitten. Im Frühling 1979 war die Brigantine bereit für ihre erste Film-Charter, die Fernsehserie „The Onedin Line". Dann folgten weitere Film- und Fernsehproduktionen wie „Der Graf von Monte Christo", „In Search of Marie Celeste", „Dick Turpin", „The French Lieutenant's Woman" „Shackleton" und „Rights of Passage".

1982 segelte SØREN LARSEN nach Grönland. Dort stellte sie, mit einem zusätzlichen Besan und langem Schornstein versehen, die ENDURANCE des Forschungsreisenden Shackleton dar. Von 1983 bis 1985 dauerte eine Charter für den Jubilee Sailing Trust, in der Gesunde und Körperbehinderte gemeinsam Segelerfahrungen sammelten. Diese Erfahrungen flossen später beim Bau der LORD NELSON (S. 132) ein.

Im April 1987 begann eine längere Charter als Flaggschiff des First Fleet Re-enactment, die sie über Teneriffa, Rio, Kapstadt und Mauritius bis nach Australien führte. Höhepunkt dieser Reise war die australische 200-Jahr-Feier in Sydney im Januar 1988.

Bis 1991 blieb SØREN LARSEN im Südpazifik und unternahm Charterreisen mit Passagieren rund um Neuseeland, nach Tahiti, zu den Cook-Inseln, nach Samoa, Tonga und Fidschi. Im Oktober 1991 setzte sie in Sydney, zusammen mit der Brigantine EYE OF THE WIND (S. 92), Segel für die lange Heimreise auf der Südroute durch die Roaring Fourties. Die beiden Schonerbriggs machten noch einmal in Auckland Station, bevor sie nonstop nach Stanley auf den Falklandinseln weitersegelten. Am 9. Dezember 1991 rundete SØREN LARSEN Kap Hoorn bei ruhigem Wetter. Einige der Trainees waren enttäuscht über das Fehlen der Graubärte und Kaventsmänner, die sie erwartet hatten - nicht so der Kapitän. In Montevideo fand im Januar ein Traineewechsel statt. Dann ging es weiter über Tristan-da-Cunha, St. Helena und die Azoren nach Lissabon. Dort wurde SØREN LARSEN für die große Kolumbus-Regatta überholt.

Schiffsname	SØREN LARSEN
Baujahr	1949
Konstrukteur	Søren Larsen
Bauwerft	Søren Larsen Werft, Nykøbing Mors, Dänemark
Eigentümer	Square Sail Pacific (Anthony Davies), Gloucester, England
Flaggenstaat	Großbritannien
Rigg	Brigantine
Bauart	Eiche auf Eiche, Deck Iroko
Länge ü. a.	42,3 m
Rumpflänge	32,1 m
Länge CWL	28,1 m
Breite	7,7 m
Tiefgang	3,6 m
Tonnage	149 grt, 100 nrt, 350 td
Segelfläche	627 qm
Maschine	240 PS Burmeister & Wain Alpha
Besatzung	10 Crew + 30 Mitsegler
Jahr der Fotografie	1983
Ort der Fotografie	Cowes, England

SØRLANDET

Das Vollschiff SØRLANDET wurde 1927 als Schulschiff für die Seefahrtschule von Kristiansand gebaut. Die Bausumme wurde von dem Reeder A.O.T. Skjelbred gestiftet und eine einzige Bedingung daran geknüpft: es sollte ein echtes Segelschiff ohne Hilfsmotor sein. So war SØRLANDET der letzte der großen Rahsegler, der ohne Maschine ausgerüstet war. Erst bei der Winterüberholung 1959 bis '60 wurde schließlich eine Maschine eingebaut.

SØRLANDET vertrat Norwegen 1933 auf der Weltausstellung in Chicago und segelte bis zum Ausbruch des Zweiten Weltkrieges. Während des Krieges wurde sie in Kirkenes von den deutschen Streitkräften als Gefangenenhulk benutzt. Dort sank sie nach einem Bombentreffer in der Wasserlinie. Sie wurde wieder gehoben und und nach Kristiansand verholt, wo sie als Depotschiff für U-Boote diente. Nach dem Krieg wurde sie repariert und als Schulschiff wieder instand gesetzt. 1947 war sie wieder im Dienst. Am ersten Tall Ships Race 1956 nahm sie teil, und auch 1960, '62, '64, '66 und '68 segelte sie jedesmal im fordersten Feld mit.

Doch 1973 entschied die Seefahrtschule, ihre Studenten künftig auf einem Motorschiff auszubilden. Im Jahr darauf erwarb der norwegische Reeder Jan Staubo die SØRLANDET, nur um zu verhindern, daß sie ins Ausland verkauft wurde. 1977 verkaufte er SØRLANDET weiter an den Reeder Kristian Skjelbred-Knudsen, den Sohn ihres ursprünglichen Spenders. Der übereignete das Schiff der Stadt Kristiansand, die die Stiftelsen Fullriggeren Sørlandet begründete. Zu dieser Zeit benötigte das Vollschiff dringend eine Grundüberholung. Neue Decks, neue Maschinen und Generatoren sowie neue Segel waren nötig, auch die Takelage mußte überholt werden. Kristiansand ist nur eine kleine Stadt von 50.000 Einwohnern, und man kann ihr nicht genug zugute halten, daß sie entschied, SØRLANDET als voll einsatzfähiges Segelschiff zu erhalten. Ein Projekt dieser Art und Größe hatte es bislang noch nicht gegeben. Ein Teil der Überholungskosten wurden vom Stadtrat zur Verfügung gestellt, ein anderer Teil von Bürgern und Geschäftsleuten der Stadt finanziert. Zusätzlich halfen viele Kristiansander in ihrer Freizeit bei der Wiederinstandsetzung. Einen Teil der Kosten sollte SØRLANDET durch Vercharterung und Törns mit zahlenden Trainees wieder einfahren.

Im Jahr 1980 stand SØRLANDET allen Segelinteressierten von 15 Jahren an aufwärts zur Verfügung. Ihr Debüt unter der neuen Zweckbestimmung hatte sie im Tall Ships Race 1980. Ihre Trainees, darunter viele Mädchen, kamen aus verschiedenen Ländern. Ihr Alter reichte von 15 bis 74, die meisten hatte nie zuvor gesegelt, geschweige denn einen Rahsegler bedient. Bereits wenige Stunden nach dem Anbordkommen mußten sie Segel setzen. Die anderen Schiffe ihrer Klasse waren alle mit professionellen Crews besetzt und Trainees, die bereits wochenlang im Hafen trainiert hatten, bevor sie das erste Mal in See gingen. Natürlich konnte SØRLANDET keine der beiden Regattaabschnitte gewinnen, doch war sie auch nicht die letzte ihrer Klasse.

Während der dreimonatigen norwegischen Sommerferien segelt SØRLANDET normalerweise Zwölftagetörns von Kristiansand aus. Davor und danach steht sie für anderweitige Charter zur Verfügung. Mehrere Jahre hindurch wurde sie von der Königlich Norwegischen Marine zur Schulung ihrer Fähnrichskadetten gechartert und zwar unter Beibehaltung ihrer zivilen Schiffsführung. 1991 unternahm sie eine lange Ausbildungsreise nach Island für Handelschiffskapitäne aus verschiedenen Ländern, die Rahseglertechniken und die Seemannschaft auf Großseglern erlernen wollten.

Schiffsname	SØRLANDET
Baujahr	1927
Bauwerft	Høivolds Mek. Verksted, Kristiansand, Norwegen
Eigentümer	Stiftelsen Fullriggeren Sørlandet, Kristiansand, Norwegen
Flaggenstaat	Norwegen
Rigg	Vollschiff
Bauart	Stahl, Teakdeck
Länge ü. a.	65,8 m
Rumpflänge	56,7 m
Länge CWL	48,2 m
Breite	8,9 m
Tiefgang	4,4 m
Tonnage	559 grt, 153 nrt, 644 t TM
Segelfläche	1166 qm
Maschine	564 PS Deutz
Besatzung	18 Stammbesatzung + 70 Trainees
Jahr der Fotografie	1956
Ort der Fotografie	Torbay, England

STAR FLYER

Die STAR FLYER ist das erste einer Serie von modernen Kreuzfahrtsegelschiffen, die tatsächlich echte Segelschiffe sind und keine Motorschiffe mit Hilfsbesegelung für schönes Wetter. Ihr Konzept wurde von dem gebürtigen Schweden Mikael Krafft aus Brüssel entwickelt, der seine Erfahrung als Handelsschiffsreeder mit einer Leidenschaft für die alten Segelklipper verbindet.

Oliver van Meer aus Enkhuizen in Holland entwarf das Rigg. Die Rahsegel laufen auf hydraulischen Rollreffeinrichtungen innerhalb der festpositionierten Rahen. Es gibt auch Einrichtungen zur Handbedienung für den Fall, daß die Technik versagt, doch ist das in den ersten neun Segelmonaten noch nicht vorgekommen. Die Brassen laufen über hydraulischen Winden, die von einem Mann per Joystick bedient werden. Das Großtoppstagsegel wird hydraulisch als Rollstagsegel gefahren. Es gibt keine Enterwanten oder Fußpferde, da normalerweise niemand in die Masten zu entern braucht, doch sind die Masten mit Tritten versehen, falls es einmal notwendig werden sollte. Die anderen Segel werden auf klassische Weise gesetzt und geborgen, doch Fallen und Schoten laufen auf elektrischen Winden. Nur zehn Deckshände werden für die Bedienung der über 3000 Quadratmeter Segelfläche benötigt. Die Segelgeschwindigkeit erreicht 17 Knoten, wobei das Schiff unter Motor zwölf Knoten läuft. Der vierblättrige Verstellpropeller kann auf Segelstellung gedreht werden, die Hafenmanöver werden durch ein Bugstrahlruder unterstützt, und Schlingertanks kontrollieren die Rollbewegungen auch am Ankerplatz.

Vier Decks laufen durch das Schiff. Auf dem Tankdeck liegen Maschinenraum, Tanks, Vorratsräume, die Küche und die Crewkammern. Auf dem „Commodoredeck" darüber sind 44 Passagierkabinen untergebracht, auf dem nächsthöheren „Clipperdeck" weitere 37 Kabinen, der große Speisesaal, das Büro des Zahlmeisters und ein Geschenkartikelshop. Auf dem Hauptdeck sind Piano-Bar, Bücherei, die offene „Tropenbar" und sechs luxuriöse Einzelkabinen. Darüber liegt das Sonnendeck mit Swimmingpool, dessen Glasboden die Decke der Piano-Bar bildet. Auf dem Achterdeck befinden sich ein weiterer Swimmingpool und noch zwei elegante Passagierkabinen. Den Innenausbau entwarf das Studio Acht aus Moordrecht in den Niederlanden.

Das ganze Schiff ist an die Air-Condition-Anlage angeschlossen. Die Einzelbetten in den meisten Kabinen können mit wenigen Handgriffen in Doppelbetten verwandelt werden. In einigen Kabinen steht noch ein drittes Bett. Dusche, Toilette, Video und Satellitentelefon gehören zum Standard. Der Speisesaal für 210 Personen kann schnell zum Konferenzraum mit Wandtafel, Leinwand, Podium, Mikrophonen und Bildschirmen verwandelt werden.

Die STAR FLYER lief im Januar 1991 vom Stapel und wurde im Mai in Antwerpen an die Auftraggeber übergeben. Ihr Heimathafen ist Antwerpen, sie ist in Luxemburg registriert und führt die Flagge der Europäischen Gemeinschaft. STAR FLYER ist auf St. Martin in der Karibik stationiert und segelt einwöchige Kreuzfahrten entweder zu den Virgin Islands im Norden oder zu den Leeward Islands im Süden. Ihr Schwesterschiff, die STAR CLIPPER, lief im Oktober 1991 vom Stapel und wurde im März 1992 ausgeliefert. Ihr Fahrtgebiet ist das Mittelmeer.

Beide Schonerbarken dienten während der Olympischen Spiele in Barcelona dem belgischen und niederländischen Olympiakomitee als schwimmende Hotels.

Schiffsname	STAR FLYER
Baujahr	1991
Konstrukteur	Robert MacFarlane, England
Bauwerft	Langerbrugge Werften, Ghent, Belgien
Eigentümer	White Star Clippers NV, Brüssel, Belgien
Flaggenstaat	Luxemburg
Rigg	Viermast-Stagsegel-Barkentine
Bauart	Stahl, aufgesetzte Teakdecks
Länge ü. a.	108,8 m
Rumpflänge	91,4 m
Länge CWL	70,2 m
Breite	14,6 m
Tiefgang	5,6 m
Tonnage	2298 grt, 869 nrt, 2556 td
Segelfläche	3340 qm
Maschine	1 x 1500 PS Caterpillar
Besatzung	58 Crew + 180-196 Passagiere
Jahr der Fotografie	1991
Ort der Fotografie	Isle of Wight, England

THOR HEYERDAHL

Die THOR HEYERDAHL lief 1930 als Motorschiff TINKA vom Stapel und fuhr 50 Jahre lang in der großen Fahrt zwischen Europa, Südafrika und Westindien. 1979 kauften sie zwei deutsche Kapitäne, Gunther Hoffmann und Detlef Soitzek, um sie zum Segelschiff umzubauen. Sie hatten Erfahrung mit Segelschiffen, Jugendausbildung und Sozialarbeit. Detlef Soitzek war 1977 bis '78 als Navigator auf Thor Heyerdahls Papyrusboot TIGRIS im Persischen Golf und im Indischen Ozean mitgefahren. Als erklärter Bewunderer des norwegischen Forschers taufte er den Schoner auf dessen Namen.

Die Umbauarbeiten wurden von 1979 bis '83 in Kiel vorgenommen. Der rechteckige Frachterrumpf mit dem flachen Boden wurde, um befriedigende Amwind-Segeleigenschaften zu erreichen, durch einen langen Außenkiel aus Stahlplatten mit einzementiertem Ballast ergänzt. Das Rigg mit hölzernen Masten und Spieren wurde als Toppsegelschoner getakelt. Seit 1990 fährt THOR HEYERDAHL an der unteren Rah noch ein zusätzliches Rahsegel von 100 Quadratmetern für Raumschotskurse. Unter der kurzen Back sind traditionell die Quartiere der festen Deckscrew. Hinter dem anschließenden Kollisionsschott in der ehemaligen Luke I sind Stauräume, ein Generator und eine Werkstatt untergebracht. Hinter dem nächsten Schott liegen zwei Sechskojenkammern für Trainees, und die folgende ehemalige Luke II ist mit den Hauptunterkünften für die Trainees, zwei Vierkojen- und sechs Zweikojenkammern und einer große Messe am hinteren Ende ausgebaut. Küche, Duschräume und Toiletten befinden sich im Deckshaus. Unter dem erhöhten Achterdeck wohnen die Offiziere. Darunter liegt der Maschinenraum mit der neuen, 1990 eingebauten Maschine.

Seit 1983 segelt die THOR HEYERDAHL im Sommer drei- bis vierzehntägige Reisen in Ost- und Nordsee und gelegentlich längere Reisen bis hinauf nach Nordnorwegen. Die Törns werden meistens von Jugendorganisationen en bloc gebucht. Seit 1989 segeln häufig polnische Jugendliche, die von deutschen Geldgebern gesponsert werden, zusammen mit deutschen Trainees. Das Modell soll auch Jugendlichen aus den anderen baltischen Staaten zugänglich gemacht werden. An den Windjammer-Treffen Nordeuropas wirkt auch THOR HEYERDAHL meistens mit.

Im Winter macht der Schoner Zweiwochentörns zwischen den Kanarischen Inseln oder Dreiwochenreisen in der Karibik. Im Winter 1990/91 segelte sie in den Kanarischen Inseln, im Winter 1991/92 zum dritten Mal in der Karibik. Die meisten dieser Kreuzfahrten stehen Einzelpersonen offen. Wegen der hohen Anreisekosten werden sie meistens von Erwachsenen gebucht. Auch während der Überführungsfahrten steht THOR HEYERDAHL Chartergästen zur Verfügung.

Schiffsname	THOR HEYERDAHL, ex-MINNOW, ex-SILKE, ex-MARGA HENNING, ex-TINKA
Baujahr	1930, umgebaut 1979-83
Bauwerft	E.J. Smit & Zoon, Westerbroek, Niederlande
Eigentümer	Segelschiff „Thor Heyerdahl" e.V., Kiel
Flaggenstaat	Deutschland
Rigg	Dreimast-Toppsegelschoner
Bauart	Eisen, genietet
Länge ü. a.	49,8 m
Rumpflänge	42,0 m
Länge CWL	39,0 m
Breite	6,6 m
Tiefgang	2,4 m
Tonnage	211 grt, 118 nrt, 315 tdw
Segelfläche	630 qm
Maschine	400 PS Deutz
Besatzung	12 Stammbesatzung + 32 Trainees
Jahr der Fotografie	1988
Ort der Fotografie	Cowes, England

TS
G 342

TOVARISHCH

Die Bark wurde als Ersatz für die im Fehmarnbelt am 26. Juli 1932 gekenterte NIOBE unter dem Namen GORCH FOCK für die Deutsche Marine vom Stapel gelassen. Im Juni wurde GORCH FOCK in Dienst gestellt. Ihre Stahldecks waren mit aufgesetzten Teakplanken belegt. Die lange Back zog sich bis zum vorderen Deckshaus. Ihr erster Besan besaß eine einfache Gaffel, heute fährt sie das effektivere doppelte Besansegel. Sie war die erste einer Serie von sechs Schulschiffen von der Werft Blohm & Voss in Hamburg.

Vor Ausbruch des Krieges unternahm die GORCH FOCK jährlich mehrere kurze Reisen in Ost- und Nordsee und eine längere Reise, meist über den Atlantik. Während des Krieges segelte sie nur noch in heimatlichen Gewässern. Um Minenfelder besser ausmanövrieren zu können, erhielt sie 1942 einen stärkeren 220-PS-MAN-Motor. Bei Kriegsende wurde sie von ihrer Crew in Stralsund versenkt, um sie nicht den Siegern ausliefern zu müssen.

1948 hob sie ein sowjetisches Bergungsteam und brachte sie zur Reparatur in die Neptunwerft nach Rostock. Am 15. Juni 1950 wehte auf ihr erstmalig die rote Flagge. Als zweites russisches Schulschiff erhielt sie den Namen TOVARISHCH (Kamerad). Die erste, die frühere britische Viermastbark LAURISTON, war durch Feindeinwirkung 1941 versenkt worden.

Nach der Wiederinstandsetzung segelte die TOVARISHCH zu ihrem neuen Heimathafen Kherson auf der Halbinsel Krim. Hier wurde sie der Seefahrtschule „Lieutenant Schmid“ zugeteilt, die junge Leute auf ihren Beruf in der Handelsschifffahrt oder bei der Marine vorbereitet. 1957 bis ’58 verließ sie erstmals das Schwarze Meer zu einer längeren Reise über Port Said, Bombay, Colombo, Singapur, Djakarta, Kapstadt, St. Helena, Dakar, Gibraltar und zurück nach Odessa.

1967 bis ’68 wurde sie generalüberholt und bekam eine neue Maschine. Ihre Segelfläche wurde von 1750 Quadratmeter auf 1857 Quadratmeter geringfügig vergrößert. 1972 lief sie Baltimore an und besuchte damit erstmalig die Vereinigten Staaten.

Zusammen mit der KRUSENSTERN (S. 124) nahm sie als eines der ersten sowjetischen Schiffe am Tall Ships Race teil. Auch sie erhielt die fatale Order, um jeden Preis zu gewinnen. Als sie mit dem Spitznamen „Motorishch“ heimkehrte, begriffen auch die heimatlichen Vorgesetzten, daß der Geist der Tall Ships Races nicht durch das Siegen definiert wird.

Wegen ihres sehr mitgenommenen Zustandes segelte die TOVARISHCH von 1977 bis ’89 nur noch im Schwarzen Meer, doch auf den Großsegler-Treffen in Bordeaux und Bremerhaven 1990 erschien sie grundüberholt und war auch 1991 in Delfzijl dabei. 1992 nahm sie an der Kolumbus-Regatta teil und 1994 war die Bark in Rouen beim Windjammertreffen zu Gast.

Schiffsname	TOVARISHCH, ex-GORCH FOCK
Baujahr	1933
Konstrukteur	Blohm & Voss
Bauwerft	Blohm & Voss, Hamburg
Eigentümer	Seefahrtschule, Kherson, Ukraine
Flaggenstaat	Ukraine
Rigg	Bark
Bauart	Stahl, aufgesetztes Holzdeck
Länge ü. a.	82,1 m
Rumpflänge	73,6 m
Länge CWL	62,5 m
Breite	12,0 m
Tiefgang	5,2 m
Tonnage	1392 grt, 230 nrt, 1505 t TM, 292 tdw
Segelfläche	1857 qm
Maschine	1 x 550 PS Škoda
Besatzung	51 Stammbesatzung + 134 Kadetten
Jahr der Fotografie	1976
Ort der Fotografie	Plymouth, England

ТОВАРИЩ

UNICORN

Wie Hunderte ähnlicher finnischer Handelsschoner wurde auch UNICORN von ihrem Eigner und Kapitän selbst gebaut. Sie wurde irgendwo an der Küste auf Stapel gelegt, wo genügend Bäume wuchsen, die als Baumaterial dienen konnten. Ihre Zweckbestimmung war der Transport von Sand und Baumaterialien für den Wiederaufbau der vom Krieg zerstörten finnischen Städte. UNICORNs Eigner, Erbauer und Skipper war Helge Johansson. Er taufte sie LYRA und fuhr sie 23 Jahre lang, erst als Schoner und später als Küstenmotorschiff.

Jacques Thiry, ein frankoamerikanischer Fotograf, der für die Air Force und für UNICEF gearbeitet hatte, kaufte die LYRA 1971 von Johansson und gab ihr den neuen Namen UNICORN. Er brachte sie nach Südschweden, um sie nach seinen Vorstellungen umzubauen. Sie sollte als Brigg getakelt werden und als Handelsschiff fahren. Der Takelplan beruhte auf Zeichnungen der französischen Brigg ADOLPHE ET LAURE aus dem Jahre 1876 und auf Underhills Buch „Masting and Rigging". Thiry und seine Helfer schlugen im nahen Wald Bäume für Masten und Spieren, stellten Blöcke, Jungfern und Belegnägel selber her und schmiedeten die zahlreichen Eisenbeschläge.

Vierzehn Monate später, 1972, setzte UNICORN Segel mit Südkurs, während die oberen Rahen noch an Deck fertiggestellt wurden. Als sie die Kanarischen Inseln erreichte, war sie voll aufgetakelt. Im Frühjahr 1973 erreichte sie Barbados und segelte von dort zur Ostküste der USA, ehe sie später im Jahr nach Britisch-Westindien zurückkehrte, um nach Ladung zu suchen. Schließlich fand sie eine regelmäßige Fracht zwischen Honduras und den Cayman-Inseln und transportierte Gemüse und landwirtschaftliche Produkte. Doch kurz darauf vernichtete Hurrican Fifi die honduranischen Ernten und machte dem Handel ein Ende.

UNICORN segelte nach Fort Lauderdale, wo sie Ende 1974 von William Wycoff-Smith erworben wurde. Er war neben seinen geschäftlichen Tätigkeiten Vorsitzender des Schiffahrtsmuseums von Philadelphia und wollte, daß UNICORN an der Großsegler-Regatta von Bermuda nach Boston teilnahm. Später sollte sie als Segelschulschiff eingesetzt werden. Zu diesem Zweck gründete er die Gesellschaft Unicorn Incorporated. Doch zunächst mußte UNICORN überholt werden. Wie sich herausstellte, bedeutete das einen fünfzigprozentigen Neubau. Zahlreiche Holzteile mußten erneuert werden, und das Unterwasserschiff wurde mit Kupfer beschlagen. Zwei wasserdichte Schotten wurden eingebaut, fünf Doppelkabinen für Passagiere und Unterbringungsmöglichkeiten für eine zwölfköpfige Crew. Auch Masten und Takelage wurden überholt und neue Segel, einschließlich der Leesegel, aus Flachs angefertigt. Außerdem erhielt sie eine neue Maschine.

Tragischerweise starb William Wycoff-Smith 1975 im Alter von 55 Jahren an einem Herzanfall, doch das Projekt wurde weitergeführt mit Jacques Thiry als Kapitän. Nach dem Tall Ships Race wurde die Brigg für die Verfilmung von „Roots" und weitere Produktionen wie zum Beispiel „Ghost of Cape Horn" gechartert. Außerdem segelte UNICORN zwischenzeitlich für verschiedene finanzschwache kulturelle Gesellschaften und Segelschul-Organisationen, wie das Florida Ocean Sciences Institute und die Tampa Sea Scouts. 1978 nahm sie am Tall Ships Race Baltimore - Philadelphia - Newport - Boston teil und 1980 an der Regatta Norfolk - Boston. Ende 1980 wurde sie verkauft.

Ihr neuer Eigner war Robert Elliot, ein englischer Hotelier von der Karibikinsel St. Lucia. Er stationierte UNICORN in Castries auf St. Lucia und fährt heute mit ihr sehr erfolgreich Tagestouren mit Passagieren und einer Steelband zur schönen Baie des Pitons oder nach Soufrière.

Schiffsname	UNICORN, ex-LYRA
Baujahr	1948, umgebaut 1971-72
Erbauer	Helge Johansson, Sibbo, Finnland
Eigentümer	Robert Elliot, Santa Lucia
Flaggenstaat	Großbritannien
Rigg	Brigg
Bauart	Holz
Länge ü. a.	45,1 m
Rumpflänge	28,7 m
Breite	6,7 m
Tiefgang	2,7 m
Tonnage	190 t TM
Segelfläche	684 qm (mit Leesegeln)
Maschine	335 PS Caterpillar
Besatzung	8 Crew + bis zu 150 Tagesgäste
Jahr der Fotografie	1976
Ort der Fotografie	New York, USA

UNICORN

UNICORN wurde 1947 als holländischer Trawler für die Nordatlantikfischerei gebaut, doch ihre Linien stammen von den früheren Segelloggern ab. Da ihr Rupf in gutem Zustand war, fanden sich nach ihrer Außerdienststellung Käufer, die sie zur Segelyacht umbauen wollten. Es waren der holländische Skipper Pieter Kaptein und seine Frau Agnes, die vorher bereits große alte Segelschiffe besessen hatten. Sie entfernten die Aufbauten und sandstrahlten den Rumpf. Vorn wurde ein falscher Klippersteven angesetzt und an Deck zwei versenkte Deckshäuser eingebaut. Auf das Stahldeck wurden anderthalbzöllige Irokoplanken verlegt. Vor dem kleinen Ruderhaus mit Innensteuer steht an Deck ein zweites großes Ruderrad mit Hydraulikübertragung. Neben dem Deckssalon in einem Deckshaus befindet sich unter Deck ein weiterer Salon mit Küche und Bar. Sechzehn Gästekojen verteilen sich auf fünf Kabinen. Es gibt sogar eine Badewanne. Der Eignerbereich und die Unterkünfte der Crew mit ihrer eigenen Küche liegen achtern.

Masten und Spieren bestehen aus massiver Oregonkiefer. Die Toppstengen sind klassisch an die Untermasten gelascht, ebenso der Klüverbaum an den Bugspriet. Dem ersten, unteren Toppsegel wurde später noch ein zweites hinzugefügt. Die Segel bestehen aus Duradon.

Die Kapteins behielten den holländischen Namen des Schoners bei und registrierten die EENHORN in Amsterdam. 1981 begannen sie mit Charterreisen in der Nordsee und im Englischen Kanal und fuhren Ausbildungstörns mit jungen Leuten. 1986 verkauften sie die EENHORN an den Amerikaner Morris Henson, dem auch der Dreimast-Mallorca-Schoner BERTA OF IBIZA gehört hatte, der mittlerweile auf einem Strand in der Nähe von Puntarenas, Costa Rica, langsam auseinanderfällt. Auch die Schonerbrigg TAIYO, ebenfalls stationiert an der mittelamerikanischen Pazifikküste, und eine Bermuda-Yacht in Spanien waren in seinem Besitz. Henson registrierte den Schoner in Jersey und anglisierte den Namen in UNICORN. Von 1986 bis '87 ließ er sie in Southampton nach seinen Vorstellungen herrichten. Zahlreiche Verbesserungen der Inneneinrichtung wurden vorgenommen und ausreichend elektronische Geräte und andere technische Ausrüstung angeschafft, die ausreichen würde, um ein mittleres Yachtausrüstungsgeschäft zu füllen. Der Schoner wurde nach Lloyds klassifiziert, der Rumpf schwarz gestrichen.

Oft ist der Eigner selbst an Bord und führt sie dann auch selbst, doch meist hat die UNICORN einen bezahlten Skipper. 1988 unternahm UNICORN Tagestörns mit bis zu 60 Deckspassagieren von St. Martin in der Karibik aus. Im Jahr darauf fuhr sie den Amazonas hinauf und segelte dann nach Gibraltar und Soto Grande in Spanien, von wo aus sie Chartertörns unternahm. Seit 1991 segelt sie von Tortola in den British Vergin Islands aus.

Schiffsname	UNICORN, ex-EENHORN
Baujahr	1947, umgebaut 1979-81
Bauwerft	de Voruitgang, Gouwsluis, Niederlande
Eigentümer	Cocos Island Productions, St. Helier, Jersey, Kanalinseln
Flaggenstaat	England
Rigg	Toppsegelschoner
Bauart	Stahl, aufgesetztes Irokodeck
Länge ü. a.	35,1 m
Rumpflänge	26,7 m
Länge CWL	23,8 m
Breite	6,0 m
Tiefgang	2,6 m
Tonnage	95 grt, 57 nrt
Segelfläche	900 qm
Maschine	1 x 300 PS Henschel
Besatzung	18
Jahr der Fotografie	1983
Ort der Fotografie	Cowes, England

eenhoorn

VANESSA ANN

VANESSA ANN hat während ihrer wechselvollen Karriere ihren Namen bis heute beibehalten. Sie wurde 1951 in Lowestoft als Trawler für die Arktis gebaut. Sie gehörte der Dalby Steam Fishing Company und fuhr von Fleetwood unter der Nummer „FD 133“ als typischer Hochseetrawler mit hoher Back und erhöhtem Ruderhaus. Da sie in isländischen Gewässern fischte, spielte sie auch eine aktive Rolle im damaligen „Kabeljaukrieg“.

Später diente sie unter neuen Eignern als Überwachungsschiff für Ölplattformen in der Nordsee. Als die Kurbelwelle ihrer Maschine brach, wurde sie aufgelegt und schließlich an einen Briten verkauft. Dieser hatte nach einem Rumpf Ausschau gehalten, den er als Frachtsegler ausbauen wollte, um zwischen den Inseln des Südpazifik Handel zu treiben. Man hatte ihm die arkischen Trawler der 50er Jahre empfohlen mit ihren eleganten segelfähigen Unterwasserlinien und den robusten genieteten Stahlrümpfen. So etwas suchte und fand er in der VANESSA ANN.

Er brachte sie im Schlepp nach Dänemark, wo er einen neuen Hundested-Motor und einen Verstellpropeller einbauen ließ. Dann motorte er nach London, wo er die Umbauarbeiten beginnen wollte. Doch bedauerlicherweise erkrankte er schwer und mußte das Schiff 1984 verkaufen. Reg March und Jack Scott erwarben die VANESSA ANN. Reg March hatte sich als Takler und Marineingenieur zuvor mit der Wiederherstellung und Auftakelung der Brigg CIUDAD DE INCA (heute MARIA ASUMPTA, S. 136) befaßt und suchte jetzt nach einem eigenen Schiff.

VANESSA ANNs hohe Back und der Brückenaufbau wurden entfernt. Das Deckshaus darunter beließ man als Deckssalon und Kartenraum und überbaute es mit einem Sonnendeck, das bis zu den Bordwänden gezogen wurde. Da der Schoner nur Tagesausflügler transportieren sollte, ließ man auch die ursprünglichen Unterkünfte für die Crew, wie sie waren: vier Kojen in der Focksel, zwei Einzelkammern im Achterschiff und dahinter sieben Kojen im „Hotel zur Schraube“. Die ehemalige Fischluke wurde zu einer großen klimatisierten Disco und Bar umgestaltet. Die drei Untermasten des Bramsegelschoners bestanden aus Stahl, die Stengen und Spieren aus Holz. Zweihundert Tagesgäste konnte VANESSA ANN mitnehmen.

Bei den ersten Probeschlägen 1985 erwies sie sich als guter Segler. Im Juni setzte sie Segel Kurs Antigua und war im Juli dort. Von Antigua aus sollte sie Tagestörns unternehmen, doch die Dinge entwickelten sich anders als erhofft, da VANESSA ANN auf den erheblichen Widerstand der dort bereits tätigen Touristenunternehmen stieß. Das Dilemma führte schließlich zum Verkauf. 1986 wurde sie unter neuem Eigner auf Barbados stationiert, von wo sie nun Tagesausflüge anbot, doch auch hier war bereits ein anderes Schiff auf dem Markt. Obwohl VANESSA ANN bei weitem das beste Schiff in der ganzen Umgebung war, konnte sie sich - ohne die Hilfe ihrer Eigner, die in England lebten - nicht gegen die Konkurrenz durchsetzen.

Schließlich wurde sie nach Hause beordert. In St. Thomas auf den US Virgin Islands wurde sie noch einmal für die Überfahrt instand gesetzt. Nach einer äußerst langen Reise erreichte sie schließlich am 3. Juli Plymouth. Ihre fast neuen Segel waren hinüber, der fast neue Hundested-Motor lief nur noch auf einem Zylinder, und ihre Inneneinrichtung war verwohnt. In der Nähe von Plymouth wurde sie zum Verkauf aufgelegt.

Schiffsname	VANESSA ANN
Baujahr	1951, umgebaut 1984-85
Bauwerft	Richards Ironworks, Lowestoft, England
Eigentümer	Charles W. Clowes und David Cox, England
Flaggenstaat	Großbritannien
Rigg	Dreimast-Bramsegelschoner
Bauart	Stahl, aufgesetztes Holzdeck
Länge ü. a.	44,2 m
Rumpflänge	34,1 m
Länge CWL	31,4 m
Breite	7,0 m
Tiefgang	3,7 m
Tonnage	153 grt, 80 nrt, 316 td
Segelfläche	539 qm
Maschine	250 PS Hundested
Besatzung	12 Crew + bis zu 200 Tagesgäste
Jahr der Fotografie	1986
Ort der Fotografie	Antigua

HMS VICTORY

Die VICTORY ist das einzig erhaltene große Linienschiff der Welt. Zweieinviertel Jahrhunderte lang, von 1637 bis 1860, beherrschten die Linienschiffe, die in drei Klassen unterteilt waren, die Weltmeere. Die Linienschiffe erster Klasse trugen in Nelsons Tagen hundert oder mehr Geschütze. Zusammen mit den Dreideckern zweiter Klasse und den Zweideckern dritter Klasse formierten sie sich in der Seeschlacht zu einer langen Linie, woher auch ihr Name rührt.

Linienschiffe erster Klasse gab es immer nur wenige. Sie waren extrem teuer im Bau und in der Bemannung. Zur Herstellung der VICTORY benötigte man allein 2000 bis 2500 mindestens 110 Jahre alte Eichen.

VICTORYs Kiellegung erfolgte am 23. Juli 1759 während des Siebenjährigen Krieges. Durch den Erfolg der britischen Streitkräfte bestand für den Neubau keine Eile mehr, und so schwamm sie erst 1765 aus ihrem Dock. Unmittelbar darauf wurde sie zur Reserve aufgelegt. Vor ihrer ersten Indienststellung 1778 anläßlich des nordamerikanischen Unabhängigkeitskrieges war sie bereits um einiges gealtert und mußte erst einmal überholt werden. HMS VICTORY gelangte jedoch nicht zum Einsatz und wurde bei Kriegsende 1783 wieder aufgelegt. 1790 und 1793 wurde sie zu den Napoleonischen Kriegen zweimal kurz in Dienst gestellt.

Am 14. Februar diente HMS VICTORY Admiral Sir John Jervis bei der Schlacht von St. Vincent als Flaggschiff. Der glänzende Sieg war hauptsächlich der Iniative und dem Ungehorsam von Kommodore Horatio Nelson, dem Kapitän der HMS CAPTAIN, zu verdanken. Nach diesem Einsatz wurde die alternde und von der Seeschlacht sehr mitgenommene VICTORY abgetakelt, demontiert und als Gefangenen-Hospitalschiff eingesetzt. Doch da Holz für neue Schiffe knapp geworden war, wurde sie von 1800 bis 1803 erneut als Linienschiff ausgebaut. Sie wurde modernisiert und erhielt jetzt die Ausrüstung und das Aussehen, das sie später in der Schlacht von Trafalgar hatte. Ihr unteres Batteriedeck enthielt dreißig 32-Pfünder-Geschütze, das mittlere Batteriedeck enthielt achtundzwanzig 24-Pfünder und das obere Batteriedeck trug dreißig 12-Pfünder. Das Achterdeck trug noch einmal zwölf 12-Pfünder und die Back zwei 12-Pfünder-Buggeschütze und zwei 68-Pfünder-Karronaden.

Die VICTORY wurde 1803 als Flaggschiff von Admiral Horatio Nelson in Dienst gestellt. Doch es dauerte bis zum Oktober 1805, bis Nelsons Flotte endlich den vereinigten Flotten Spaniens und Frankreichs auf der Höhe von Trafalgar gegenüberstand. Wieder bewies Nelson sein strategisches Genie, doch er überlebte die Schlacht nicht.

Bis 1812 blieb VICTORY im Dienst. Von 1814 bis '16 wurde sie noch einmal überholt und dann aufgelegt. Als stationäres Flaggschiff des Portsmouth Command wurde sie 1824 wieder in Dienst gestellt und ist heute das älteste diensttuende Kriegsschiff der Welt.

Seit dem 12. Januar 1922 liegt HMS VICTORY im Trockendock Nummer 2 in Plymouth. Vollständig restauriert, erhielt sie bis ins Detail ihre Erscheinung aus dem Jahr 1805. Seit 1928 ist sie dem Publikum geöffnet. Eine halbe Million Menschen besuchen sie jährlich.

Schiffsname	HMS VICTORY
Baujahr	1759-65
Konstrukteur	Thomas Slade
Bauwerft	Chatham Werft, Chatham, England
Eigentümer	Royal Navy
Flaggenstaat	Großbritannien
Rigg	Vollschiff
Bauart	Holz
Länge ü. a.	102,1 m
Rumpflänge	69,0 m mit Galionsfigur
Länge CWL	46,5 m
Breite	15,8 m
Tiefgang	7,2 m
Tonnage	ca. 3500 td
Bewaffnung	104 Geschütze
Besatzung	nominal 842 Offiziere und Mannschaften, tatsächlich 819
Jahr der Fotografie	1981
Ort der Fotografie	Portsmouth, England

20

VROUWE GEERTRUIDA MAGDALENA

Als Berend Groen 1972 seine Werft verkaufte, hatte er die Absicht, einen Hochseeschoner zu erwerben. Aus Berichten kannte er die hervorragende Qualität der im Krieg in Großserie gebauten deutschen Vorpostenkutter, die nach dem Krieg in den Niederlanden in großer Zahl zu Fischkuttern umgebaut worden waren. Dabei entfernte man häufig die Holzbeplankung und schweißte statt dessen Stahlplatten auf die Stahlspanten, so daß aus den Kompositbauten reine Stahlschiffe wurden. Ihre Linien stammten von holländischen Lotsenschonern der Jahrhundertwende, und eigneten sich ausgezeichnet zum Segeln. Als Groen von einem deutschen Kutter hörte, der nicht erst im Kriege, sondern schon 1910 als echter holländischer Lotsenschoner gebaut worden war, suchte er in halb Europa nach ihm und fand ihn in Holland.

Der Schoner hatte zuerst für die Lotsen von Texel gearbeitet und war dann nach Deutschland verkauft worden, wo er in der Wesermündung Dienst tat. Dann war er aufgelegt und während des Krieges von der Admiralität requiriert worden. Man hatte den falschen Klippersteven entfernt, die Masten heruntergenommen und eine Maschine eingebaut. 1943 wurde das Boot als Vorpostenkutter für Wetter- und Flugzeugbeobachtung in der Deutschen Bucht in Dienst gestellt. Nachdem sie schon länger als holländischer Fischer gefahren war, schnitt man 1963 ihr überhängendes Spiegelheck ab und ersetzte es durch ein rundes.

Bis auf das Heck restaurierte Berend Groen das Fahrzeug zum Schoner und rüstete es mit vier Kabinen und zwei kleinen Deckshäusern für 14 Passagiere aus. Als VROUWE GEERTRUIDA MAGDALENA nahm sie 1976 ihre lange unterbrochene Laufbahn als Segelschiff wieder auf. Sie machte Charterreisen vom Nordkap bis ins Mittelmeer, segelte aber meistens als Teil der Charterflotte der Agentur Zeilvaart Enkhuizen in der südlichen Nordsee und im Kanal. 1990 wurde sie dann in Bareboat-Charter an den Outlaw-Verein (S. 150) gegeben. Ende 1991 löste der Eigner jedoch den Vertrag, weil er mit der Art und Weise der Instandhaltung durch die Charterer nicht einverstanden war.

Von 1991 bis Mai '92 wurde der Schoner in Zaandam grundüberholt und für Luxuscharter für zwölf Passagiere umgebaut. Dabei wurde auch die originale Heckform wiederhergestellt, die den Rumpf um einiges verlängert. Die Länge über alles beträgt nun 37 Meter. Das vordere Deckshaus, in dem nur eine Werkstatt untergebracht war, wurde entfernt und das hintere, mit einem Deckssalon, weiter nach vorne versetzt. Das Holzdeck wurde in Teak auf Sperrholz erneuert, und der Rumpf ist jetzt weiß lackiert.

Schiffsname	VROUWE GEERTRUIDA MAGDALENA, ex-FLEVO, ex-WESER NO 3 oder NO 6, ex-TEXEL NO 2
Baujahr	1910
Bauwerft	Bodewes, Groningen, Niederlande
Eigentümer	Berend P. Groen
Flaggenstaat	Niederlande
Rigg	Schoner
Bauart	Stahl (ursprüngl. Komposit), Teakdeck
Länge ü. a.	36,0 m*
Rumpflänge	26,2 m*
Länge CWL	23,5 m
Breite	6,2 m
Tiefgang	3,2 m
Tonnage	128 grt*, 63 nrt*, 220 td*
Segelfläche	550 qm*
Maschine	1 x 375 PS Caterpillar
Besatzung	4 Crew + 14 Mitsegler* oder 35 Tagesgäste*
Jahr der Fotografie	1988
Ort der Fotografie	Cowes, England
	* Zur Zeit der Aufnahme, vor dem Umbau 1992.

HMS WARRIOR

Seit den Napoleonischen Kriegen sonnte sich die Royal Navy im Gefühl ihrer seemännischen Überlegenheit. Man erwachte schlagartig aus seiner Selbstzufriedenheit, als 1859 in Frankreich LA GLOIRE vom Stapel lief. Sie war die erste eisengepanzerte Fregatte, mit Hinterladergeschützen bestückt, deren Granaten jede hölzerne Armierung zerfetzen konnten.

Alarmiert setzte Großbritannien seine ganze technische und industrielle Kraft daran, eine Schiffsklasse zu schaffen, die der LA GLOIRE überlegen sein sollte. So entstanden WARRIOR und ein Jahr später BLACK PRINCE, die schon für sich allein die ganze französische Flotte auf den Meeresgrund schicken konnten. Es waren die ersten Schlachtschiffe im modernen Sinne. Auf sie folgte eine Flotte noch gewaltigerer Schiffe, die Englands Seemacht für weitere 50 Jahre festigte.

WARRIOR war das erste hochseetüchtige Panzerschiff. Ihre Eisenkonstruktion besaß wasserdichte Schottabteilungen und war mit einer, damals undurchdringlichen, 114 Millimeter starken Eisenpanzerung umgeben. Dazu besaß sie schwerste Schiffsartillerie mit großer Feuergeschwindigkeit. Obwohl sie neben ihrer Dampfmaschine immer noch als Vollschiff getakelt war und die Geschütze in Breitseitbatterien angeordnet waren, ist sie die direkte Vorläuferin der Schlachtschiffe beider Weltkriege.

Kiellegung war im Mai 1859, Stapellauf im Dezember 1860 und Indienststellung im August 1861. Ihre Panzerplatten wurden noch von einer 46 Zentimeter starken Teakholzschicht vom eigentlichen Eisenrumpf getrennt. Die 65 Meter lange Geschützbatterie wurde vorn und hinten durch gepanzerte Schotten zusätzlich geschützt. Die Panzerung reichte bis 1,8 Meter unter die Wasserlinie. Die Einfach-Expansionsmaschine war für ihre Zeit außerordentlich stark und konnte das Schiff mit 14,3 Knoten vorantreiben. Die Reichweite unter Maschine betrug wegen des großen Kohlenverbrauches nur 1420 Meilen, so daß das Vollschiffrigg auch notwendig war. Unter Segeln konnte die WARRIOR 13 Knoten erreichen, unter gleichzeitiger Benutzung der Dampfmaschine 17,5 Knoten.

Die Laufbahn der WARRIOR war ereignislos. Sie sicherte den Frieden allein durch ihre Existenz. 1864 bis '67 wurde sie instand gesetzt und ihre Bewaffnung modernisiert, doch sie wurde durch die schnelle Rüstungsentwicklung, die sie mit ihrem Erscheinen ausgelöst hatte, bald selbst überholt. 1872 hatte sie ihre strategische Bedeutung an modernere Schiffe verloren und wurde aufgelegt. 1875 wurde sie als Stationsschiff in Portland wieder in Dienst gestellt. Von 1881 bis '83 diente sie als Ausbildungsschiff der Royal Marine Reserve. Danach kam sie zur Flottenreserve. Um 1900 wurde sie teilweise ausgeschlachtet und in VERNON III umbenannt. Sie diente nun der HMS Vernon-Torpedoschule als Werkstatt und schwimmende Ausbildungsstätte. 1923, als BLACK PRINCE verschrottet wurde, wurde auch sie von der Marineliste gestrichen, erhielt aber den Namen WARRIOR zurück, bis sie 1929 von Portland zum Pembroke Dock nach Wales geschleppt wurde, wo sie als Tankplattform diente. 1944 wurde sie in C.77 umbenannt, als der Name WARRIOR einem neuen Flugzeugträger verliehen wurde.

1977 benötigte die Marine C.77 nicht mehr und gab sie dem Maritime Trust. 1978 wurde sie auf die andere Seite der britischen Insel nach Hartlepool geschleppt, wo durch den Ship Preservation Trust Ltd mit finanzieller Hilfe des Manifold Trust die Restaurierungsarbeiten begannen. Als der Hauptteil der äußeren Wiederherstellung und wichtige Rekonstruktionen im Schiffsinneren erfolgt waren, schleppte man sie 1987 zu ihrem künftigen Liegeplatz in Portsmouth, wo sie dem Publikum unter ihrem alten Namen WARRIOR zur Besichtigung offensteht - nur ein paar Schritte entfernt von der VICTORY und der MARY ROSE.

Schiffsname	WARRIOR, ex-C.77, ex-WARRIOR, ex-VERNON III, ex-WARRIOR
Baujahr	1859 - 60
Konstrukteur	Isaac Watts und John Scott Russell
Bauwerft	Thames Ironwork and Shipbuilding Company, Blackwall, London
Eigentümer	The Warrior Trust, Portsmouth, England
Flaggenstaat	Großbritannien
Rigg	Vollschiff
Bauart	Eisen, gepanzert
Länge ü. a.	141,7 m
Rumpflänge	127,4 m
Länge CWL	115,8 m
Breite	17,7 m
Tiefgang	7,9 m
Tonnage	9210 td
Segelfläche	4497 qm (alle Segel gesetzt)
Maschine	1250 PS John Penn & Sons, Greenwich, Einfachexpansion auf eine Schraube
Besatzung 1861	704
Bewaffnung 1861	40 Geschütze
Jahr der Fotografie	1987
Ort der Fotografie	Portsmouth, England

YOUNG ENDEAVOUR

Arthur Weller, ein pensionierter britischer Handelsschiffskapitän, hatte die Idee, daß Großbritannien der australischen Jugend zum 200. Jubiläum der Landung der ersten britischen Siedlerflotte ein Segelschulschiff schenkten könnte. So wurde der Britain-Australia Bicentennial Schooner Trust gegründet, in dem die Spenden für dieses Projekt gesammelt und verwaltet werden sollten. 1,7 Millionen Pfund wurden benötigt, von denen die Hälfte von der britischen Regierung und die andere Hälfte von Privatleuten und Unternehmen gespendet wurden. Colin Mudie, der zuvor schon die Brigg ROYALIST (S. 164) und die Bark LORD NELSON (S. 132) entworfen hatte, übernahm die Konstruktion des Schiffes. Es wurde eine Schonerbrigg, deren Rahtakelung der Segelschulung noch mehr zugute kommt als die einfache Schrattakelung eines Schoners.

Obwohl die Schonerbrigg nach der ENDEAVOUR benannt wurde, mit der Kapitän Cook die Küsten von Neusüdwales erforscht hatte, handelt es sich bei der YOUNG ENDEAVOUR keinesfalls um eine Nachbildung. Ihr Rumpf ist ein ausgesprochen moderner Stahlbau mit sieben wasserdichten Schottabteilungen. Das Unterwasserschiff mit dem abgeschnittenen Vorfuß, dem Ballastkiel und dem Ruderskeg ist das einer modernen Segelyacht. Masten und Rahen sind aus Aluminium und tragen Terylenesegel. Zwar werden die Rahsegel auf herkömmliche Weise bedient, doch werden die Stagsegel, vom Fischermann abgesehen, auf Rollreffs gefahren, und das Großsegel wird zum Mast hin aufgegeit. Der Klüverbaum ist begehbar und hat Reling und Nockkorb. Vierundzwanzig Trainees schlafen in einem Raum mit zwölf Kojen und zwei Sechskojenkammern. Die neunköpfige Crew ist, abgesehen vom Kapitän, in Doppelkammern untergebracht. Außerdem gibt es vier überzählige Kojen.

YOUNG ENDEAVOUR wurde im Mai 1987 mit einem Kran vom Stapel gelassen und am 2. Juli von der Herzogin von Kent getauft. Die Überführungsreise begann am 3. August in Cowes. Zwölf britische und zwölf australische Trainees segelten die Reise mit, die Hälfte von ihnen Mädchen. Prinz Philip selbst gab der YOUNG ENDEAVOUR ein königliches Lebewohl. Nach Zwischenstopps auf den Kanarischen Inseln und in Rio erreichte man Freemantle am 1. November 1987. Nach einigen Zwischenhäfen an der Südküste nahm die Brigantine im Januar 1988 am Sydney Hobart Race teil, wobei sie die erste ihrer Klasse und dritte in der Gesamtwertung wurde.

Am 25. Januar wurde sie offiziell an Australien übergeben und an Bord das australische „White Ensign", die Marineflagge, gesetzt, da Schiffsführung und Instandhaltung von der australischen Marine übernommen wurden. Dennoch werden ausschließlich junge Zivilisten ausgebildet. Am folgenden Tag, dem 26. Januar 1988, war Bicentenary Day, und YOUNG ENDEAVOUR geleitete die Großsegler-Parade in die Bucht von Sydney Harbour, wobei zwei Millionen Zuschauer anwesend waren - für australische Verhältnisse ein großes Publikum.

Üblicherweise segelte YOUNG ENDEAVOUR von nun an pro Jahr zwanzig Zehntagetörns entlang der australischen Ostküste mit jungen Männern und Mädchen zwischen 16 und 23 Jahren. Außerdem werden einige Törns für Behinderte organisiert. Zwischen 1989 und 1990 segelte sie nach Neuseeland zur Großsegler-Regatta und zu den Commonwealth Games.

Am 1. Dezember 1991 setzte sie Segel zu einer einjährigen Reise von Sydney aus um die Welt. Über Suez und Athen segelte sie nach Cadiz, um an der Kolumbus-Regatta teilzunehmen. Die Reise führte nach Annapolis in den USA und von dort über Westindien, Panama, Galápagos, Polynesien und Neu Kaledonien zurück nach Sydney.

Schiffsname	YOUNG ENDEAVOUR
Baujahr	1987
Konstrukteur	Colin Mudie
Bauwerft	Brooke Yachts International, Lowestoft, England
Eigentümer	Australische Bundesregierung
Flaggenstaat	Australien
Rigg	Brigantine
Bauart	Stahl, auf Sperrholz gesetztes Teakdeck
Länge ü. a.	44,0 m
Rumpflänge	35,0 m
Länge CWL	28,3 m
Breite	7,8 m
Tiefgang	4,0 m
Tonnage	175 grt, 51 nrt, 239 td
Segelfläche	649 qm
Maschine	2 x 187 PS Perkins auf Doppelschrauben
Besatzung	9 Stammbesatzung + 24 Trainees
Jahr der Fotografie	1987
Ort der Fotografie	Cowes, England

YOUNG ENDEAVOUR

ZEBU

ZIBA, wie sie zuerst hieß, lief als 102. Neubau auf der Holms Werft in Råå, Schweden, vom Stapel. Sie war ein ketschgetakelter Frachtsegler und fuhr 34 Jahre lang Holz, Salz und Getreide in der Ostseefahrt. Bis 1950 fuhr sie unter Segeln, dann als Küstenmotorschiff.

1972 erwarb sie ein Engländer, der sie von 1972 bis '78 zu einer bermudagetakelten Charterketsch mit einem riesigen motoryachtähnlichen Deckshaus umbaute. Dann verkaufte er sie an ein britisches Syndikat, das mit ihr um die Welt segeln wollte. Sie wurde in ZEBU umbenannt und auf Jersey registriert. Die neuen Eigner segelten mit ihr 1980 das Tall Ships Race in die Ostsee und nach Amsterdam. Zurück in England, setzten sie Segel Kurs Westindien. Doch sie kamen nur bis zu den Kanalinseln. Losgearbeitete Planken verursachten schweren Wassereinbruch und veranlaßten sie, ihr Vorhaben aufzugeben. ZEBU kam zum Verkauf.

1982 erwarb das Ehepaar Nick Broughton aus London die ZEBU. Sie wollten das Schiff zur Schonerbrigg takeln und planten eine Weltumsegelung mit Gästen, die sich an den Kosten beteiligen sollten. Die umfangreichen Bauarbeiten wurden in Southampton begonnen und in Lowestoft beendet. Das häßliche Deckshaus wurde durch einen gefälligeren Aufbau ersetzt, das Achterdeck erhielt eine gedrechselte Reling. Das Rigg wurde von Wally Buchanan entworfen und unter Verwendung der alten Masten von Adrian Small aufgetakelt. Noch vor der Fertigstellung erhielten die Broughtons eine Vierjahrecharter von der Operation Raleigh für eine Reise mit jungen Leuten um die Welt. Dazu benötigte die ZEBU ein Freibordzertifikat, das ihr auch ausgestellt wurde, und einen Kapitän auf großer Fahrt als Schiffsführer. Die Eigner konnten innerhalb der insgesamt siebenköpfigen Crew an Bord bleiben. Je 16 junge Leute zwischen 17 und 24 Jahren sollten auf Abschnitten von jeweils drei Monaten mitsegeln.

Im Oktober 1984 verließ ZEBU London und traf nach vier Jahren im Oktober 1988 wieder in Southampton ein. 60.000 Seemeilen lagen in ihrem Kielwasser, 30 verschiedene Länder hatte sie besucht, und über 300 junge Leute durften unter ihren Segeln Abenteuer erleben. Unterwegs wurde nach Wracks getaucht, in Honduras wurden archäologische Forschungen betrieben, auf den Galápagos-Inseln wurde gefilmt, auf den Salomon-Inseln, in Japan und Kenia wurde an Gemeinschaftsprojekten mitgewirkt, auf Hawaii wurden wissenschaftliche Studien getrieben, Wale und Delphine beobachtet, meteorologische Messungen vorgenommen und vieles mehr.

ZEBUS Freibordzertifikat konnte wegen neuer, schärferer Bestimmungen nicht mehr verlängert werden, und auch dem Eignerpaar war nach vier Jahren auf See nach etwas mehr Landleben zumute, so daß sie ZEBU zum Verkauf anboten. Ihr neuer Eigner ließ sie in Liverpool registrieren und stellte sie, da er selbst keine Zeit hat, sich um sie zu kümmern, dem Merseyside Heritage Trust zur Verfügung, der die Schonerbrigg als Gegenleistung instand hält. Von Southampton aus unternimmt ZEBU mit verschiedenen Gruppen Tagesausflüge und kurze Törns.

Schiffsname	ZEBU, ex-ZIBA
Baujahr	1938, umgebaut 1982-84
Bauwerft	Holms Werft, Råå, Schweden
Eigentümer	Stephen Rodger
Betreiber	Merseyside Heritage Trust, Liverpool
Flaggenstaat	Großbritannien
Rigg	Brigantine
Bauart	Holz
Länge ü. a.	32,3 m
Rumpflänge	22,0 m
Länge CWL	20,4 m
Breite	6,2 m
Tiefgang	2,1 m
Tonnage	61 grt, 47 nrt, 112 td
Segelfläche	395 qm
Maschine	84 PS Gardner
Besatzung	6 Crew + 12 Gäste
Jahr der Fotografie	1988
Ort der Fotografie	Cowes, England

Raleigh

— VOLLSCHIFF —
mindestens drei Masten, alle rahgetakelt

— BARK —
mindestens drei Masten, der hintere Mast schratgetakelt,
alle anderen Masten rahgetakelt

— SCHONERBARK / BARKENTINE —
mindestens drei Masten, alle schratgetakelt,
nur der vordere Mast rahgetakelt